当代建筑
的
逆袭

邵唯晏————著

Non-linear
Architecture

U0221965

江苏凤凰科学技术出版社

非线性设计是影响当代建筑的一种思想

庄惟敏
清华大学建筑学院院长

我台湾的朋友邵唯晏出书了！

他写信给我，并嘱我写序，甚为欣喜。

与唯晏的熟稔，缘于参加台湾中原大学建筑系的学期最终评图，那时他作为中原大学建筑系的教师，专攻空间设计与计算机辅助设计，侃谈间透露着对非线性思维建筑设计的思考，其观点令我印象深刻。后来多次在两岸的学术会议上见到他并听到他的声音，不仅在参数化设计领域，更在现代建筑创作理论上有自己鲜明而独到的见解，更进一步了解到他是设计竞赛高手，得奖众多，作为建筑界的年轻学者，很有成就。

他不仅激情投入实践，而且能潜心著作，将理论与实践并举，实乃难能可贵。

唯晏以多年非线性设计实践的积累和认知，应和当今世界建筑发展的潮流，认为建筑设计必将反映当代思维的理念，数字技术将构成当今和未来影响建筑设计思维最本质的动机，其观点鲜明，具有启发性。唯晏潜心研究了众多国际大师的非线性设计作品，深入解析了非线性设计的十大特质。这不是简单的设计方法的概述，也不是简单的非线性设计方法的汇集，而是对非线性设计一次深刻的思考，值得业界同行参考和借鉴。

非线性设计不仅是当下以及未来设计的一种手法，更是影响当代建筑思维的一种思想。

谨以上述文字贺本书出版，是为序。

推荐序

80后的逆袭

宁小刚

摄影师　北京酿酒大师艺术馆馆长

与邵唯晏的相识，是因为我和我的朋友想在北京建一个酿酒大师艺术馆。

在实施的过程中，我们接触了众多国内外设计机构和设计师，他们中不乏出现大作品或是获得大成就者。他们都带着思想、理念、批评、主张，甚至周易，和我们描绘这个空间未来的模样。

在所有想法都很精彩的情况下，我们发现选择十分艰难。直到一家杂志社朋友引荐了邵唯晏。

在我们沟通过的五六家中外设计机构中，领衔竹工凡木设计研究室的邵唯晏年龄最小，是个80后。邵唯晏和其他的设计师不同，不仅因为他"只是"一个80后。无论是提案讲述还是提案内容，邵唯晏更像一个大学教授，不躲闪不激进。在妥协与坚持之间，不卑不亢、不张不狂，吐纳中保持适当温度。这对于一位80后生人来说，实属不易。个人认为，从实用主义出发，所谓设计，就是要用作品设一个计，让顾客接受你的设计。邵唯晏在和业主的沟通过程中，在直达痛点的解决方案提出之同时，往往也会表露出一些大男孩一般的羞涩，让你自然而然地认定他还没有被险恶的江湖所污染。在建筑面前，他是纯真的。当然，我并不认为这是他的"设计"。每个业主对自己空间的设计需求都是一个不规则的、似是而非的空洞，如果设计师的作品刚好可以填充这个空洞，那么，默契基本就达成了。邵唯晏最后打动我的，是他试图用酿酒大师艺术馆这个作品，表达东西方饮酒哲学的差异：西方人喝酒，是为自己，东方人喝酒，是为他人。刚好，这种表达与我们要建设一个"艺术＋美酒"的社交平台的愿景相契合。

试读邵唯晏《当代建筑的逆袭》，在建筑内外穿梭，不仅塑造建筑的形，也赋予建筑的意；在思考的老到与表达的纯真中同时存在；在一个小作品中去印证大趋势；从传统出发，反过来逆袭传统。我想，这就是邵唯晏这位80后的逆袭。

当野蛮成为一种价值

邵唯晏

2014 年底，我曾接受一家媒体采访，报道标题称呼我为"80 后的'野蛮'生长"。这句话颇令我惊艳。以往有过多少次的采访和褒贬，看到这样的评价，还是第一次。我觉得其中文的多重语意很有意思。传统上，"野蛮"多是贬义，在这里却也可解读成具有"活力""大胆""不拘传统"之意的正面词。

拜其所赐，在一段期间里，"野蛮"这两个字几乎成为媒体贴在我身上的标签。当时恰好也是本书正式进入构思的阶段，"野蛮"也就成了编辑会议上脑力激荡的焦点之一，顺应着"野蛮"二字，最后连"逆袭""冲撞""进击"等字眼也都纷纷进出。一年多以来，在写作的同时，还要一边处理着几件工作项目，最紧张的状况是，即使赴对岸洽谈公事之际，仍得在饭店抱着笔记本电脑，面对编辑的跨海夺命催稿……如今书将付梓，提笔撰序，突然又想起那则报道标题，不禁莞尔："还真是够野蛮啊！"

言归正传，这本书从头到尾，确实都是很"野蛮"的！

野蛮之一，是时代与建筑之间的关系。本书之所以选定"非线性"为主旨，用意在于找出当代建筑浪潮与数字技术在思想及历史上的定位和衔接点。相较于现代主义，建筑以线性思维所追求的"文明"价值，后现代解构思潮毋宁是展现了一股充满野性冲劲的非线性力量。既是对精神实质起源的回归，同时又是向未来发展的追求。我身处受惠于文明产物数字科技的年代，却被目为"野蛮"的建筑人之时，显然"野蛮"已成为一种新的文明价值观，而"非线性"思维造就的时代精神，可以得证。

野蛮之二，是本书幸运获得太多的协助。除了自己因为分神写作，而让竹工凡木团队的所有工作伙伴跟我这个野蛮的负责人一起置身水深火热之外，更要感谢海内外各方前辈师长与朋友应允我的野蛮要求，慷慨授权许多珍贵的图文资料，也倾囊相授指点了我无比宝贵的经验和方向。没有各位的体谅、协助与指导，我是不可能独立完成此书的。

野蛮之三，是我和这本书的关系。本书的撰写，有两个契机：第一，在我的台湾交通大学博士班指导老师刘育东的指引下，使我对于当代建筑脉动与数字发展趋势的敏感度是很高的；同时多年来对此一课题的研究与实践，让我累积了不少能量。再者，是我在《漂亮家居》杂志持续写了近两年的专栏，多承总编辑宝姐的殷切鼓励，终于下定决心，尝试将自己对当代建筑趋势的观察以及在业界的实战经验集结成书。其实在过程中，我一直惴惴不安，常觉得架构与观点仍欠周到。然而尽管彷徨，我还是相信自己的座右铭："当你准备就绪，其实为时已晚（If you are ready, you have already late.）。"我深切地思索着蕴藏在非线性建筑发展与数字时代之间的野蛮力量，书中或许有些细节尚未完全准备就绪，但我愿相信，此刻推出这本书，是为时不晚的。

一路走来，辛苦备尝。因为坚持，让竹工凡木团队长期以来秉持着研究与实务并行的方向，但要使这两种性格良性共处，实属不易，要在经营与理想之间找到动态的平衡，更是难事。而每当夜深人静，看到花甲之年的父亲，犹端坐书桌前，夜以继日埋首研究和著述时，顿时又得警醒自己：莫忘初衷，务须努力前进，不可稍懈。

目　录

第　　　章

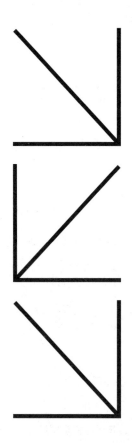

脉·动:解密非线性建筑 ——
历史溯源·现代脉络·未来趋势

　　伊东丰雄（Toyo ito）曾说过，现代主义的思考方法是先确立最佳解法，再按照这个结论去执行，变更被视为是错误的。然而，建筑设计的思考过程应是非线性的，一边创造一边思考，到达了某一临界点再来对应下一步，在不断发现未知空间的过程中进行设计，才是具有创造力的当代方法。因而建筑理论家查尔斯·詹克斯（Charles Jencks）预测，非线性建筑在复杂科学的引导下，将成为下一个千年一场重要的建筑运动！

要点 1

历史溯源

当建筑成为事件：一种新思维与方法

　　世界的本质本为一非线性的复杂系统，非线性建筑的探索则是始于一种强调生成过程的设计方法、态度与思维。非线性思维的探索在 20 世纪 60 年代就开始发生，相较于 20 世纪现代主义的主流线性建筑思维，当代的非线性建筑不再迷恋单一结果先行的理性神话，而将目光朝向世人忽视许久的自然纹理、文化差异与当地异质，在数字科技的推波助澜下，聚合社会、环境、人文等跨领域课题——不只是建筑，非线性建筑创造新的秩序，我认为是一场反映当代世界脉动的重要趋势。

摆脱单一维度，非线性思维的复杂挑战

　　从词汇发展的角度而言，非线性虽是后起于线性的概念，但却更直指世界的原始本质状态。"线性"源自于数学概念，其定义为两个变量间可用直角坐标中的一段直线表现，在量与量之间属于按比例及成直线的关系，在时间与空间上则呈现平顺而规则的运动。在 20 世纪追求工业文明的年代，线性模型其实是一种理想的模型，在过去是一种相较单纯明了的设计思维，但后期则成为人们用以趋近、描述及规范非线性世界的基础"工具"。

　　然而到了 20 世纪 60 年代，世界陆续完成二战后的重建和经济复苏，人们才开始有余力来对现代主义思维进行反思与批判。"非线性"

一词即来自于当时盛行的非线性科学理论（即复杂科学理论），用以指称不按比例、不成直线的关系，代表不规则运动的转换及跃变。它完全不同于牛顿原理的现代线性科学，却能更合理地描述存在于自然界中的动态、不规则、自相似组织、远离均质状态等现象及形态，例如宇宙结构、气象、云彩、海岸线、树枝、雪花等——说穿了，其实线性是一个不真实的理想套索，非线性才是贴近真实的自然状态。在 20 世纪 60 年代，乘着复杂科学理论建立的态势，就有建筑师尝试运用在建筑的设计方法及建筑型态上，但是因缺乏成熟的时代载体而流产。但 20 世纪八九十年代，这种建筑设计方法学和思维能快速地在全世界蔓延，主要应归功于大环境、知识体系和计算机技术的日趋成熟，探讨非线性这样的课题也是必然。

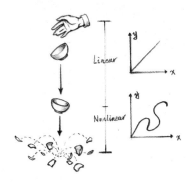

▲**可预测 vs 混沌** │ 拿着一个碗，放手让碗下坠。我们能够理想性地计算出碗下坠途中的位移量、速度及位置等，这就是有秩序、有规律、可预测的现代线性科学。当碗撞击地面后，我们无法轻易计算出碎片的运动路径及落点，因为一切的因素过于复杂而混沌，此即非线性的复杂自然现象。▼**非线性的方法与思维** │ 常有人望文生义，认为非直线的建筑就是非线性建筑。这种看法不是全错，因为数字运算逻辑确实比传统的现代建筑工具更容易生成自然有机的形态，但实际上除形态外，"非线性"更应置于方法与思维的层次来看待（本图为作者的毕业设计，探讨设计生成的可能）。

不只是形式，更是设计新思维与新方法

建筑在人类的文明史上一直都扮演着承载当下文明的具体文化载体的角色，因而非线性思维反映在建筑上，必然会受到混沌理论、模糊理论、非标准数学分析等学科的冲撞和启发，同时在思想上有意无意借鉴了法国哲学家吉尔·德勒兹（Gilles Deleuze）的去中心学说及相关的哲学思想，但最重要的技术手段则在于依赖计算机强大的运算能力。而就非线性潮流反映到建筑领域而言，无接缝形态、连续差异、动态多元、模糊界面等特征就成了非线性建筑最直接、最具象的表现，而以扎哈·哈迪德（Zaha Hadid）为主导的非线性建筑（non-linear architecture）就是最直接的印证。不过，非线性建筑对于当代建筑界更重大的影响，不仅仅是形式上的表现，更重要的是开始渗透到思维、设计方法、建造技术等多方面。

对于 20 世纪的主流——讲求均质性与功能导向的现代主义建筑而言，先确定预期结果再依此执行的线性思维，是一种最符合理性的设计方法，是一种以工业手段为基础，进而升华成美学、哲学层次的过程。然而为了避免结果产生变异，所有预料之外的变更都是不被允

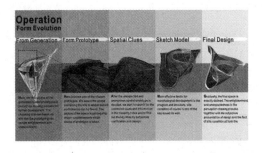

许的。这种拘泥的固执思维所产生的建筑虽能快速响应人们对于居住的需求，但某程度上也扼杀了建筑的可能，让现代城市最终成为水泥方块堆栈的单调风景，即所谓的国际样式（International Style）。

而非线性建筑则乐见过程中各种可变因素的存在，并通过分析、研究及演算，让建筑形态在生成（generate）设计中自然浮现——通过转译的开放性，允许各种事件（event）、参数（parameter）或设计设备（design media）参与设计过程，借此获得非预期的设计结果。同时，在数字科技的辅助下，看似不可思议的非线性思维得以落实为真正的建筑，构成当代建筑百花齐放、众声喧哗的精彩时代，而此般戏剧性的发展，亦使非线性建筑成为当代设计最重要的事件之一。

趋势并非是偶然:非线性建筑历史先驱

建筑师扎哈·哈迪德的合伙人帕特里克·舒马赫(Patrik Schumacher)在《建筑学的自组织》(The Autopoiesis of Architecture)一书中强烈表明时代风格的概念与社会时代的历史发展必然一脉相承,因而一种建筑风潮或趋势的形成绝非偶然,必须要有深刻的政治、社会经济与科学技术的前提与文化条件。对于非线性建筑而言,计算机的发明与数字科技的发展当然是一项决定性的关键因素,然而在计算机未出现的 20 世纪初,其实就有建筑先锋尝试利用各种可能的设备与技术来追求建筑的自由度。回溯隐藏在建筑历史脉动下的非线性建筑潜流,便可知非线性建筑亦非一时的跟风竞逐,而是潮流发展之中,势在必行的历史推进。

模块思维先锋斯坦纳,
追求自由形体建筑

20 世纪 20 年代,奥地利建筑师鲁道夫·斯坦纳(Rudolf Steiner),在瑞士西北角的一个小镇兴建的"第二人类哲学院"(Second Goetheanum)可谓非线性建筑先驱之一。斯坦纳的设计乃试图在建筑形态上响应及适应周围山区地景的变化,以当时的时空背景而言,属于相当复杂的自由形体建筑。而为了建造此建筑,他利用大量不同比例大小的实体模型以及一套关于形式变化的标准示意图,通过一群沟通良好且具备美感素质的工匠团队,在一定程度规范的图纸下让团队恣意发挥,方能顺利完成。

当时虽未有计算机可以辅助设计,但斯坦纳运用图面与模型等传统设施,并导入类参数化模块的思维,这样的做法已具备当代标准化的模块思维,因此这件建筑案例的历史意义不但在于形式上取得自由形体的大胆突破,更是利用有限的线性设施来尽量逼近自由非线性形态的重要先例。

鬼才建筑师高迪,
理性力学创造自然线条

西班牙建筑师安东尼·高迪(Antoni Gaudi)以非几何的建筑型态与仿自然的手法闻名于世,他曾说过,"树是我的老师。"而建筑史家亦将其作品定位为所谓的"有机建

第二人类哲学院 | 鲁道夫·斯坦纳运用大量的图面、模型及一套关于形式变化之标准示意图等传统设施，让一群工匠团队在一定程度的规范下恣意发挥，成功创造出在当时相当自由的建筑形态，并可视为非计算机时代采用参数化模块思维的重要先例。

筑"（organic architecture）。高迪在 1882 年于巴塞罗那开始建造的圣家堂（Sagrada Familia），在他过世后，因工艺和造型过于特殊复杂，竟无以为继；工程停摆百余年至今尚未完成。主因是他的建筑过于有机生成，必须要有大量的细部图及模型才能让建造团队理解那雕塑般的复杂形体。而在当时没有计算机辅助的条件下，高迪的因应之道是创造一套独特的模型系统"Estereo Estatica"，制作许多不同比例重量的小沙包，用细线挂在特定的模型上，借地心引力的牵引而自然形成下拱形态，并利用当时最新的科技"照相术"将沙包模型拍成照片，再颠倒过来描绘其下垂状态所形成的自然拱形轮廓。

高迪通过这一自创的设计流程来计算及考虑建筑物所需的侧向力量和形式发展，创造出心目中符合自然及力学的线条，不论就建筑形体或设计思维而言，都具有现今非线性建筑方法论的特征。直到当代澳大利亚皇家理工学院教授马克·布里（Mark Burry）有机会带领团队，通过计算机辅助设计设备，找出高迪建筑的潜在形式模块，才终于让工程继续推进，预计 2030 年完工。

圣家堂 | 通过各种尺度的沙包，借由地心引力的牵引形成自然下垂的曲线，用以找寻及创造圣家堂的绝对弧线。▲ **运用数字工具重启圣家堂工程** | 直到 2000 年，澳大利亚墨尔本马克·布里教授以 CAD/CAM 软件分析圣家堂，利用改变双曲面的单一参数分析，试图找到最大公约数的轨迹和模块，并创造模块性的单元，才让工程得以重启，是当代计算机模块化流程协助建造非线性建筑的指导性案例。

要点 2
现代脉络

谁打开了方盒子：现代建筑的转向预言

现代主义大师勒·柯布西耶曾说过经典名言："建筑是居住的机器。"他在 1914 年所提出的多米诺（Domino）住宅原型，取住所（domicile）与创新（innovation）两词的合并，来满足当时对于效率及数量的需求，采用钢筋混凝土柱及无梁平板打造的新建筑基础框架，反对装饰追求纯粹简单的美学，并将模块化建筑的经济量产逻辑提升到极致简约美学的层次，不但解决了战时人们对于居住需求的燃眉之急，更催生了国际样式的风潮，影响世界建筑至今。

然而，他晚年的经典代表作品朗香教堂（Ronchamp）却隐然表现出与过往现代主义建筑截然不同的气质。借由朗香教堂，大师究竟要表达什么样的信息？

时代改变心境，
转向追求真实自然连接

许多当代的大师也纷纷持续在揣测勒·柯布西耶当时的心境，建筑师藤森照信（Terunobu Fujimori）甚至大胆推测勒·柯布西耶是在看到密斯·凡德罗（Mies van der Rohe）的巴塞罗那德国馆（Barcelona Pavilion，1929）作品后，认为现代主义已走到巅峰极限，因而开始找寻新的可能性。但不可否认，第二次世界大

战结束后，随着时代氛围的改变，勒·柯布西耶的心境及思想也随之转变。他不再狂热于机械文明与纯粹工程标准化的设计，也不沉浸于大量工业化的理想，由早期追求纯净的几何形式，转向以自然思想为主的真实生活追求。正如勒·柯布西耶曾表示朗香教堂在形式上的变形来自于对于基地环境的视觉感官响应，除了使用曲线引起人们在情感上对于空间的响应和想象外，同时从教堂外部到内部运用大量对比的手法，表现出对内部空间和外部自然环境连接与响应的强烈意图。而这种人与空间、内与外、形式与想象间的"连接性"，也间接响应了日后建筑发展的重要特质之一。

现代主义隐露拓扑思维，
预告新时代动向

朗香教堂虽形式自由，但基本上是以立方体方盒为基础开始扭曲而成的自由雕塑形体。以解构主义的拓扑观念来看，其古典样式的穹顶（dome）与现代主义的平屋顶实属等价，或可说勒·柯布西耶有意无意运用了拓扑思维，是否借此响应现代主义向来拒斥的古典建筑装饰性？大家也常在猜测勒·柯布西耶中期和晚期作品风格的断裂和转变的原因，拓扑

似乎是个可解读的观点。另外还有一点值得玩味的是，朗香教堂虽好像借承重墙系统与光影处理方式来表达模糊而富有动态的自由形态，但骨子里仍是现代主义的梁柱系统，而室内地板铺面的方格状构图和柱位排列亦仍表现出静态秩序。这种综合动与静的空间氛围，仿佛诉说大师的思绪正游移于现代主义与解构思潮的暧昧边界。甚至他在过世前几年所设计，直至2006 年底才完工的圣皮埃尔教堂（Saint Pierre Church），一个扭曲变形而成的雕塑性极强的奇异空间，其预示后世建筑可能走向的想象力和精准度，真是令人惊艳。

通过朗香教堂"想象的连接""拓扑的形变""游移的模糊""景观的延伸"等特质，似乎可以如此解读：创造出现代主义方盒子建筑的那双手，也悄悄把盒子打开了。

◀ **朗香教堂**｜自由的造型，能够引起人们各种情感上的响应，创造并连结了人与空间的浪漫联想。就好比看着天上若动若静的云朵，在慢慢形变的过程中，引发出个人情绪及联想的投射。◀ **圣皮埃尔教堂**｜1970 年动工，经历几番波折直到 2006 年才真正完工的圣皮埃尔教堂，像个斜向圆锥的雕塑，又像是个火箭筒和望远镜的变形，与朗香教堂一样总是引人驻足冥想。

数字时代进行式:解构之后的积极新生

建筑理论家希格弗莱德·吉迪恩(Sigfried Giedion)曾在 1941 年的著作《空间、时间、建筑》（Space, Time and Architecture）中强调:"设计必须反映当代的技术与思维。"放在当代建筑的发展历程中来看,这句话可以说是非线性建筑发展与数字科技之间关系的最佳批注。

从复杂科学到解构思潮,
万事俱备只欠东风

20 世纪 60 年代,当复杂科学理论开始建立时,非线性科学研究就被视为"人类看待世界、哲学及科学方式的一次思维上的重大转变"。当时的确有建筑人有意尝试把它反映在设计上,但仍欠缺大时代载体及氛围的凝聚,同时计算机科技亦未臻成熟,导致无法广泛发展及应用,但已对接续的建筑运动造成显著影响,无论是"新陈代谢派"(Metabolism)的崛起、"建筑电讯"(Archigram)的浪潮,都可感受到充满能量的建筑界正蓄势待发。

20 世纪 80 年代,解构主义为了对抗现代主义而出场,在这一波去中心化的激进情绪里,伴随着破碎、断裂、错动、冲突、不稳定等表现手法,解构主义建筑确实将建筑的形态与空间从现代主义的束缚中解放,但因为没有特定

目的,也并不企图建立新的理性规则,终究导致某种虚无感。因此当情绪平息后,人们再次希望理性的、科学的、有规范的积极秩序——在"万事俱备,只欠东风"的呼声下,数字科技粉墨登场,成为改变时代的关键力量。

数字科技蓄势而发,
建筑产业的革命力量

数字时代的发展亦有其自身历程。自 20 世纪 40 年代计算机诞生,20 世纪 60 年代开始介入设计及制造产业,到了 20 世纪 70 年代 2D 绘图软件快速发展,当时查尔斯·伊士曼(Charles Eastman)教授也已经提出"计算机辅助设计不应该只停留在绘图"的观念,然而技术尚不足全面支持。但自 20 世纪 80 年代开始,三维曲面建模软件("三维建模"概念,详见本书第 3 章)问世,计算机运算技术发展出可视化的动态回馈机制,恰与非线

性建筑的思维与方法论等特质接轨，再加上 1989 年因特网正式亮相，并开启了互联网时代，这时代性的伟大馈赠使任何人都有了在世界上的任何角落实现复杂先进建筑的可能，而这些种种为非线性建筑的实现架构了稳固的根基，也为解构思潮的虚无年代，注入了全新的设计逻辑与活力。

时至 21 世纪，数字科技发展出参数式设计方法及云端系统，更催生了 BIM 建筑信息模型的运动（"BIM"概念，详见本书第 3 章），不但让建筑从设计到建造的过程得以具备非线性的动态网络适应性，同时也能支持更大型、复杂的自由形体建筑工程。挟带着强大的产学双向优势，全世界所有的大型或复杂建筑都开始研究和尝试导入 BIM 架构，因而 2002 年 Autodesk 副总裁菲尔·伯恩斯坦（Phil Bernstein）正式提出 BIM 的概念；日本《a+u》杂志将 2009 年定为日本的"BIM 元年"等诸种具有宣示性的举措，便不令人意外。由此可知，在科技发展的推波助澜下，时代载体终于成熟到能够承载复杂建筑的出现，无论反映在建筑形式、结构还是系统上，当代建筑都已全盘进入数字时代的新纪元。

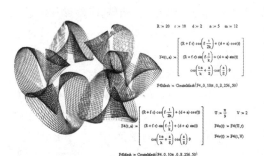

▲ **Mathcad 可视化运算** | 20 世纪 90 年代的 Mathcad 是第一个允许工程师写出数学公式、方程组、矩阵后，直接在计算机计算结果并以独特的可视化模式显示的程序。通过计算机运算技术，用户能更专注于问题的思考上，而不是把时间消耗在烦琐的求解步骤里。图中的程序及衍生模型即作者在 MathCad 平台操作所产生。▶ **进入 BIM 新纪元** | 2009 年知名建筑杂志《a+u》将该年定为日本的"BIM 元年"，具有相当指标性的预测，而当代建筑已全盘进入数字时代的新纪元，事务所纷纷开始在软硬件上建构数字能力。

▶ **东京中银胶囊大楼** ｜ 黑川纪章于 1972 年设计的东京中银胶囊大楼，提供约 140 个居住单位，并围绕中央区的核心筒（service core），以插接（plug-in）、吊挂的方式进行施工组装，构成如蜂窝形态的垂直都会聚落，甚至每个舱体（胶囊）都是可以整个拆下来修理的，真正实现了建筑的自我代谢。

未来城市乌托邦：人与环境的多向连接

当代对于城市发展的思维，已从均质的单一思考转移至重视多元发展的非线性特质。戴维·皮尔逊（David Pearson）在《新有机建筑》（New Organic Architecture）一书中就强调，依靠非线性科学方法与计算机科技的成熟发展，当代的建筑师应该更有能力将人类的文明及都市发展视为一个整体的有机体，顺应多元的变化做出回应及创造。

移动与开放，
前数字时代的未来城市想象

"城市想象"一直是建筑史上的重要课题，甚至具有牵引新理论的潜在力量。在 20 世纪 30 年代，现代主义宗师勒·柯布西耶曾经提出"光辉城市"，企图将城市塑造成规格化、量产化、均质化的理想乌托邦。然而，20 世纪 50 年代末期随之而来对于现代主义的反对运动，很快使建筑师对于城市发展有了不同以往的想象与诉求。在复杂科学理论与计算机科技尚未成熟的 20 世纪 50 年代末，匈牙利建筑师尤纳·弗莱德曼（Yona Friedman）就已提出"移动建筑"（Mobile Architecture）的前卫观点，将自主性建造的形象转化为各种不确定、不规则的建筑形态与空间结构，并提出"可变动建筑"及"空中城市"等先进理念。

尤纳·弗莱德曼的观点不但引起当时建筑界极大的争议，更在 20 世纪 60 年代持续发酵与扩大。20 世纪 60 年代英国的建筑解放运动团体"建筑电讯"（Archigram）成员之一的彼得·库克（Peter Cook）即强调应将城市视为一个独特的有机体，借此交叠人、生存、群众、沟通、运动、场所与情境。同一时期，被建筑师雷姆·库哈斯（Rem Koolhaas）喻为是唯一发源于亚洲地区的建筑思潮运动——"新陈代谢派"（Metabolism），其灵魂人物黑川纪章（Kisho Kurokawa）阐述城市应由现代主义的"机械时代"迈入"生命时代"，主张城市与建筑应通过不断重组、再生、移动等程序进行新陈代谢，像生物般借此适应不断变迁的自然与社会，进而创造一个永续轮转的永恒，同时必须反映地域性及都市的脉络，对环境采取开放性的构造，借以联系自然、人类、环境与建筑的共生关系。他于 1972 年设计的东京中

名词小帮手｜**图底关系**

图底关系源自于心理学和视觉艺术，而在建筑领域上常应用于都市规划与城市设计中，是将建筑实体视为"图"，而把开放空间视为"底"，探讨两者间相互依存及辩证的关系。

银胶囊大楼（Nakagin Capsule Tower）实现了代谢主义可更换性的建筑思维，挑战了建筑既能大量生产同时也能展现出设计多样性的课题，的确可以视为当时已进入末期的现代主义连接下一个时期的重要桥梁。借由这些事件，除了可以看出弗莱德曼"移动建筑"论述的影响外，更可见出其中所酝酿的非线性建筑思维，呼之欲出。

多元与差异，
非线性城市成为一种运动

时至当代，非线性建筑的成熟发展催生出更活泼多元的未来城市思考，并更能深刻体现当代城市生活的动态发展、复杂性与多样性，传达混杂多变的城市秩序，使复杂的当代社会脉动有迹可循、清晰可辨。例如建筑师扎哈·哈迪德的都市设计观点反转了城市与建筑的"图底关系"（Figure-Ground），通过模糊边界来强化事件（event）连接的可能性；其合伙人帕特里克·舒马赫亦明确提出欲赋予非线性特质的当代城市"参数化"之依归。而英国建筑联盟学院设计研究室（AADRL）则试图通过差异化的规则衍生，表达城市的多元非线性本质。理论家和建筑大师彼得·艾森曼（Peter Eisenman）在西班牙圣地亚哥所建造的新城市

文化中心（Santiago Center）及纽约国际基金会都市设计竞赛方案（IFCCA Competition）则反映了他近年来所关注外在的多元刺激，将生物学、信息流、环境关系、历史纹理等外来事物视为新的启动机制（trigger mechanism），借此延伸拓展到城市设计规划的层面，而近来新锐团体 HHDFUN 追求的连续差异化的城市地景，其精准而有层次的景致，也是响应了多元复杂但有序探索的最好实例。这些建筑所采取的先进设计途径并不是像极简主义一样阻止、减弱、均质，甚至是否定城市的复杂性与多样性，而是通过各种运算的可能赋予形式定序的功能，借此来再组织与呈现当代城市的复杂性。

正如柯林·罗（Colin Rowe）在其著作《拼贴的城市》（Collage City）中所言，城市乌托邦不会只是单一观点，而应趋向多元差异的发展脉络迈进，我认为非线性建筑的发展也必将继续触发更丰富的都市发展。当今城市设计规划的思维应该是建立在关系上的，而不是几何的探讨。应通过场所差异、当地文脉、地形地貌、微气候等的基础上进一步发展创造特有的城市风格，我认为这才是当今追求城市乌托邦的本质所在。

未来趋势

当代设计无原创:时空才是创意的载体

　　追求"原创性",几乎是被所有设计人奉为金科玉律,不惜燃烧生命也要达到的神圣目标。但是我认为当代设计师所要打破的第一个迷思,就是追求所谓的"原创性"。因为,所有的概念或所谓的原创,其实在人类过去几千年的文明里早已都被探讨过。

承袭不是抄袭,创意来自再诠释

　　不过,"无原创性"不等于"没有创意",而应该说:所有的创意远在过去人类文明中早已被谈论过数次,所以历代伟大建筑师的"创意",其实来自"时代性",当下的时空才是创意思维真正的载体。例如我们先前所讨论过的,20 世纪最重要的建筑大师勒·柯布西耶,其为人所熟知的"现代建筑五大原则"之所以备受推崇,乃因这一建筑观具有极强烈的"当代性"——"现代建筑五大原则"是将二战后人们迫切需要的居住需求提升为理论实践,发展出无地域限制且利于普及化、全球化的多米诺系统建筑,以精准独特的论述观点响应了当下时空的实际需求,因而造就了影响深远的创意力。

　　再举一个例子。2007 年远东国际数字建筑奖(FEIDAD award)的首奖得主,当代前卫建筑师格雷戈·林恩(Greg Lynn)的"流体墙(Blobwall)"作品,其核心概念其实是承袭了古埃及时期就已存在的"石砌"概念:大量制作、模块化与堆栈。但是,"承袭"完全不同于"抄袭"!而是一种对于现存之物的转化与再诠释。以格雷戈·林恩这件作品而言,其创新之处在于他运用了计算机辅助设计(CAD)及六轴数控技术(CNC)进行设计及制作,且在材料上选择具有可再生性的环保聚合物,具有多向连接能力的"砖块"单元赋予了整体成为流体造型的可能性,在技术、材质与美感上都响应了当代思潮,其冲撞产生的整合创意,才是其真正价值所在。

世界向东新势力,东方思维的当代价值

　　前面谈论了许多在解构思潮后接轨数字科

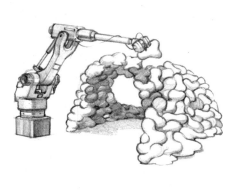

格雷戈·林恩流体墙｜运用当代CAM的思维和设备，让"模块、量产、堆迭"这行之有年的老概念同样能创造令人惊艳的空间，也就是说当代的创意不着眼原创的找寻，更关注整合当下的时空才是当代创意真正的来源。**不同国家涵盖的中介空间**｜印度尼西亚的发呆亭（上）、日式的通廊（中）、中式的亭台楼阁（下），东方各国传统建筑里早有"中介空间"的思维，通过这样的空间连接室内外的对话，并提供让人停留的场所。

技而改变的生活型态与思维方式，而在建筑上也衍生出迥异于现代主义建筑的"非线性"特质，我们将在本书第2章"十大特质"详细介绍。这些看似极为西方的论述语言，也通常被视为是纯西方解构思想所发展出来的产物；然而，这些被西方人视为新奇、前卫的新世纪建筑特质，实际上也不是当代才存在的原创性论述——在中国哲学思想与传统建筑形式中，其实已能找到潜在的呼应和脉络。

例如，扎哈·哈迪德提出"转喻地景"（Metonymic Landscape）的概念，用来说明她在韩国首尔的作品东大门设计广场，乃是强调建筑与自然之间的和谐呼应，利用建筑形体的自由流动特质来呼应首尔周围的壮阔山景。"转喻""地景"看来都是相当西方的理论语汇，但其实中国传统建筑本来就有与自然和平共存的价值倾向和理论系统，由此来看，她对地景的重视其实可能在无意识之间响应了中华文化流传已久的东方观点。又或者当代建筑中所重视的"中介空间"（in-between/pavilion），早已在中式的亭台楼阁、日式的通廊、印度尼西亚的发呆亭（gazebo）等中可窥见其原型。

而谈到哲学思维的论述，有别于西方思维强调永恒的观念，东方智慧本来就更重视接纳宇宙生命的轮转流行，容许模糊、衍异与变化的各种可能。例如汉代阴阳家已阐释了刚柔并生的太极哲理与万物共荣的五行相生，而儒家经典《礼记·学记篇》亦有"大时不齐"的观念，在不定之中自有确定，看似无关联者实存有最紧密的关系，这些都与当代建筑所强调的"永续性""模糊性""动态性"等特质遥相呼应。换言之，东方的古老智慧里其实已经酝酿了当代建筑所需要的理论养分。

若再把观察视角拉高，近年来经济力量、社会环境和全球化氛围向东靠拢，一股"世界向东"的氛围持续扩大弥漫，而建筑界的盛事——普立兹克奖（Pritzker Architecture Prize）近年得主更有极高比例是亚洲建筑师，包括2010年的妹岛和世＋西泽立卫（Kazuyo Sejima + Ryue）、2012年的王澍、2013年的伊东丰雄（Toyo Ito）及2014年的阪茂（Shigeru Ban）等。综合以上种种迹象，不但西方文明已经不再是世界的单一价值，甚至，西方解构主义后的思潮发展已经有意无意地不断导入东方思维所提供的智能养分——由此来看，东方势力在当代的崛起，似乎并非偶然。

小浪逆袭大潮流:由小而大的新时代能量

建筑师隈研吾(Kengo Kuma)曾说过,对于我们这一代的人,面对全球化浪潮让世界变平坦的趋势,早已不存在所谓的领先者。当今每一种文化都在与其他文化竞争,而我们这一代人就必须回到当地文化的传统重新出发,这才是竞争力所在。隈研吾谈的即是从小而大、由下而上、自全球当地化(Globalization)转向当地全球化(Glocalization)的当代观察。

小力量推动的全球浪潮

早在 1968 年,美国艺术家安迪·沃霍尔(Andy Warhol)就已预言:"在未来,每个人都有成名的 15 分钟。"(In the future, everyone will be world-famous for 15 minutes.)这段话不仅是对于当今大众艺术的准确预测,同时也象征着一股"由小而大"的时代氛围在当时已蓄势待发。而 1989 年是一个关键的年代,因为世界上第一个网页浏览器及网页编辑器 World Wide Web(www)正式发明,为信息传播带来革命性的变化,同年也发生了柏林墙倒塌。而当时建筑界的盛事:"解构主义建筑(Deconstruction Architecture)七人建筑特展",也揭示了在后现代主义后,终于转生汇聚成了另一股力量,解构思潮开始被世人所知,成为当代建筑的重要趋势,当中包括扎哈·哈迪德与彼得·艾森曼等人至今仍有绝对影响力。放眼今日,这股"小"的力量,仍在持续逆袭整个世界。

社群时代串联无名力量

在数字科技推波助澜所开启的社交网络时代里,"自媒体"(We Media)改变了信息分享的思维模式,事实上每个人成名的时间已经不只有 15 分钟。在经济方面,网络消费平台如 eBay、淘宝更改变了商业经营模式,强调手工制作、当地经营、自产自销,让传统名牌思维不再是迈向成功的唯一解答。由自下而上的逆向过程产生了自发的秩序与地方特征,颠覆了以往过度依赖由上而下的社会力量。这些无名的众人力量汇聚融合,如同蝴蝶效应一般,造就了当代世界潮流瞬息万变的非线性动向。

▼ **当建筑回归本质**｜2014 年的威尼斯建筑双年展，由雷姆 · 库哈斯担任总策展人，提出"本质"为这一届双年展的主题。同时建筑师布雷特 · 斯蒂尔（Brett Steele）带领英国 AA 建筑学院的学生所打造的 1∶1 的多米诺原型，组立成为一个特别的临时中介空间（pavilion），是供人们休息、聚会交流的开放场所，同时更象征及回应了"fundamentals"的过去和未来，展后也将拆解再运往伦敦展览，之后再转往东京等世界各大城市。这种移动式、游牧式、多元使用的行动空间装置，无疑在回应现今建筑的现象和走向。

专业不再是唯一的迷信

观察当今建筑设计的产业领域，也的确弥漫着这股由小而大的时代氛围。3D 打印技术带来了《经济学人》杂志（The Economist）所称的"第三次工业革命"，小型工作室（FabLab）逐渐取代大规模的传统制造业，人们对于"专业"的定义也逐渐改变，跨区域整合合作开始成为主流。以建筑设计阶段的渲染（render）技术为例，早期一间建筑事务所可能需要聘用几位专业的渲染技术人员，而如今事务所甚至不需要自备渲染人才或相关软硬件，便可直接将方案发包给云端厂商，设计师只要了解其流程概念，并做好"操作整合"即可，不但大大节省了人力成本，也降低了专业训练的门槛。而当专业不再是唯一的价值导向时，"回到基础"与"整合多元"成为当今的主流思维，这从雷姆 · 库哈斯提出"本质"（fundamentals）作为 2014 年威尼斯建筑双年展的主题便可了然："当代应该重新回归到最小的根本基础，才是放眼大潮流的立足起点。"

非线性思维打破建筑师徒制

当代思维趋势是一种"非线性"的思考模式，打破了传统单一线性的价值观点，非线性思维许容许多元性与差异性的存在，同时也乐于接受弹性与变动，这样的思考模式弥漫于时代氛围中，在建筑学院里突破了传统师徒制的上下关系（top-down），带来了由下而上（bottom-up）的合作研究形态，同时在建筑设计中也不再只以单一价值为中心，而是重视当地、多元、个体的声音，"边缘"与"中心"之间不再有明确界线，而当今的建筑设计者也应该具备此种整合多元性的能力。

第　　　　　　　章

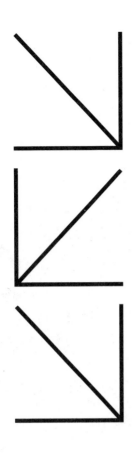

心·法：
非线性建筑的十大特质

　　百花齐放的 21 世纪，非线性倾向建筑如雨后春笋般露出，不同于 20 世纪的局限，当科技介入后，各种形式、材质、建筑表层都有实现的可能，让建筑迈向了崭新的阶段。这一章将为大家介绍当代非线性趋势与建筑发展至今的归类整理和实例。

每一个重大的时代变革都隐含着建筑环境形态的改变和调整,身为建筑人有必要有敏感度正面地去重新理解其审美的情感和价值观,以推进归纳类似当时现代主义建构的一种象限和发展区段。而 21 世纪的建筑,经过"战国时期"的积累,我认为这一系列的现象,即非线性建筑的趋势,并试图尝试阶段性总结它的时代性、独创性、方法论与价值性,期望在有限的当前条件下,初步归纳及说明其存在性和前瞻性。

日本新锐建筑评论家五十岚太郎(Taro Garashi)曾表示,当代建筑错综复杂而多元的发展是开放且持续进行的,已不是一个人能够独立书写的通史了。曾成德教授也认为当代建筑的理论已然碎裂为多个关键字,并是以超链接的方式(hyper-link)架起的标记语言。而这些关键字各自代表着新世纪建筑的不同表相,看似大异其趣,实则异中有同——有没有一个"概念"可以概括综合这些关键字所代表的共同点呢?依笔者的观点,其实"非线性建筑"就足以涵盖解释上述的各种表相。什么是非线性建筑?非线性建筑的特征又有哪些?本章将分为十大特质进行分析说明。

建构当代建筑"关键字"的观察

当代建筑的发展早已和以往不同,20 世纪中叶以现代主义为主导的时代已成过往,如今建筑界呈现百花齐放的局面,单一线性的主导脉络已转换成多向连接网络式的发展。再者,当代的建筑师比以往有更多样更成熟的设备与工具,通过多元的表现手段来表述同一个概念,必须剔除其表相的手法,才有机会探究其阐述的核心价值。然而,我们容易整理并归纳以往已经发生过的事件,但要理解正处于现在进行式的趋势就没那么容易了,尤其处于纷乱的当代建筑"战国时期",要精准而明确地阐述当代建筑的趋势谈何容易。因而,要了解当代建筑必须先接受其多元复杂的特质,并退到最末端面对其整体,观察并找寻其特性,或许就有机会能用归纳的方式来描述及勾勒属于当代"关键字"的趋势。

通过这样的方式来理解处于进行式的"现象"或"趋势"是有先例可循的;1926 年勒 · 柯布西耶就提出了以 Domino 系统为基础的五大原则,企图通过这五项原则来建构看待现代主义建筑的重要指标及观点。随后,1966 年由罗伯特 · 文丘里(Robert Venturi)所写的一本扰动当年建筑界的经典巨作《建筑的复杂性与矛盾性》,提出九点关于形式的归纳观察及十二个设计案例的解析，影响深远，至今依然是建筑人的圭臬。再者，2009 年台湾亚洲大学刘育东教授也为了探究当时正在浮现的数字构筑（new tectonic）现象，以七个古典要素为基础，提出四大新要素来描述当代数字构筑（digital tectonic）的浮现；近来伊东丰雄也提出新现代建筑五原则，藤本壮介也提出了五个对于当代建筑的观点。如此种种也正体现出当代建筑多元发展的脉络。所以，建构观点已是当代建筑人不可或缺的训练。

因此，笔者通过当代重要建筑作品的理解分析，归纳出了十个非线性建筑的特质和心法，试图建构一个理解当代非线性建筑发展的"观点"，并针对这十大特质解析并说明其过往的脉络与未来发展的趋势。

案例挑选的原则

本章所挑选的所有案例，有几个原则。第一是主持建筑师或是其核心团队，无论在书籍专栏、媒体采访、公开演讲、理论论述、建筑实践等，对于非线性建筑都有明确的论述和实践者。第二是没有明确显性的表达，但其作品在理论、观念、手法、风格、美学、艺术性等方面有强烈的主流倾向、相关触及课题或是被业界和学术界大量引用归纳等。通过这两种原则的选择，试图筛选出非线性建筑方面的案例，并于其中找到潜在的共同点、观念或关键词，也因当代建筑多元且多变，不会只以单一种形式或表现存在，而被隐藏实践在各个作品里，因而通过这样的方法，希望能凝聚推导出一个理解当代建筑的观点——非线性建筑趋势。

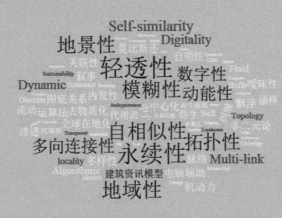

01

数字性 Digitality

**不只是技术，
还是与世界沟通的语言**

关键词

建筑信息模型 BIM

计算机辅助设计 CAD

计算机辅助制造 CAM

参数式设计 Parametric Design

运算法设计 Algorithmic Design

计算机脚本语言 Computer Script

■ 概述

　　过去对于数字性（Digitality）广义的定义，是指从建筑设计构想阶段到末端施工建造阶段的整体过程中，"数字"扮演"关键性角色"。近来在这基础上，设计团队在建筑整体周期中（评估、设计、建造到管理）转移到以数字为基础的共享平台，并用一种思维逻辑方法将信息相互组织起来，使它们之间具有互相影响与支配的连带关系（relating），让创造"有序的复杂"成为可能。然而无可非议的，无接缝、连续性差异、动态流体感、多元复杂、非常规几何的非线性有机形态也的确是数字性最直接最基础的表现之一。

技术操作 · 形态探索 · 思维转变

　　当代建筑界几乎离不开数字思维与计算机技术，但并非代表每栋建筑都具有所谓的"数字性"特质。简单地说，若只是利用计算机绘图绘制一张 3D 效果图，这并不能算是数字性——因为这无法显现数字思维和设施独一无二的"不可替代性"。那么，该如何判定一座建筑是否真正具有"数字性"特质呢？建筑的"过程"才是观察的重点。

　　几年前哈佛大学建筑学博士刘育东教授曾表明了"数字建筑"的广义定义：从设计构想阶段到后期的施工建造过程，只要使用到任何数字工具或软件，并且在功能、形式、块体、空间与建筑理念等诸方面产出"关键性的影响"，方可谓广义的数字建筑（Digital Architecture）。近来建筑理论家尼尔·里奇（Neil Leach）更直言，我们已无须论证数字的重要与否，它早已潜移默化深植于建筑领域，数字时代孕育的不仅是一种新建筑风格的可能，更开始建构一条全新的设计途径。

前数字 · 硬数字 · 软数字

　　截至目前，数字对于建筑的影响基本上我区分为三个时期。第一个阶段，我称为"前数字时期"，从 20 世纪中期（约 1960 年起算）计算机开始介入绘图开始，建筑师尝试将纸上作业的流程转入计算机环境，单纯只是个"再现"（represent）设计的工具，这时的建筑界是非常技术性、直觉性地面对计算机发展及数字课题的。第二个阶段是在 20 世纪晚期到 21 世纪前期，当时计算机和网络的极速成熟发展，给予了建筑师们如虎添翼的能力来颠覆过往建筑观念中固守的以"规则几何形体"归类的原则，例如圆柱、方块、球形、三角形等，这种传统几何思维决定了我们对建筑形体的期待，停留在"建筑应该像建筑"的线性固有印象。因而建筑界不自主地及兴奋地大量采用数字资源是可理解的，尽其可能地来探索及模仿自然世界中变化多端的有机形态及定义复杂几何，这时我称为"硬数字时期"。

而当下所处的第三阶段，我视为"软数字时期"，是由形式定义几何的观念（form-making processing）转向由关系找寻（form-finding processing）定义几何的阶段。经过数十年的发展，建筑蜕变得多元而复杂，难以用单一的形态标准来衡量，显然建筑界需要沉淀，找寻一可能的系统性来归纳与收敛建筑，因而这时建筑的几何与形式变得毫不重要，建筑师们开始将注意力转移到对于关系的找寻与处理复杂关联（relating）及合理性，探索参数设计（Parametric Design）和运算法设计（Algorithmic Design）的潜力。这也回应了帕特里克·舒马赫所宣称的参数式主义（Parametricism）。建筑界对于基本设计元素的认知已从"实体"转移到全新的"计算机脚本语言"（computer script）来表现并生成，相较于对过去在描述不规则曲面或复杂形体，更专注于内在设计过程中的方法论与建造阶段的模块性和智能性，甚至认为方法与逻辑可能就是新的形式。

◄ **鱼－巴塞罗那｜1992 巴塞罗那｜建筑师：弗兰克·盖里（Frank Gehry）｜**弗兰克·盖里 1992 年为巴塞罗那夏季奥运会所设计的作品鱼－巴塞罗那，是他首次运用 CATIA 程序所完成的作品，被视为数字科技介入当代造型艺术的始祖。通过数字技术的介入，让弗兰克·盖里完成了心目中理想的生物形态（biomorphic）设计。

▲▲ **毕尔巴鄂古根海姆美术馆** | **1997 西班牙** | 建筑师：弗兰克·盖里 | 在毕尔巴鄂古根海姆美术馆将完工之际，弗兰克·盖里曾表示："以前在维特拉设计博物馆（Vitra Design Museum）未能解决的楼梯转弯难题，如今毕尔巴鄂古根海姆美术馆终于能用计算机科技完成流畅的线条。"可见数字技术对于实践流动曲线确实带来突破性的进步。

名词小帮手 | **CATIA**

CATIA 是 Computer Aided Three Dimensional Interactive Application 的缩写，为法国达索公司（Dassault Systems）于 20 世纪 70 年代开始研发的计算机辅助 3D 绘图程序，具有出色的曲面建模功能，广泛应用于航空工业、汽车制造等各种设计产业，例如美国波音 777 飞机即是采用 CATIA V3 版本进行开发。

持续涌现的全球先锋运动

放眼国际间具备领导地位的事务所，更可发现"数字性"是众所瞩目的研发重点，以创造更多前瞻性的建筑及面对多元动态的建筑发展。例如被誉为"前数字建筑时期先锋"的弗兰克·盖里，将航空工业的 3D 绘图程序 CATIA 导入建筑界，被视为是跨界合作冲撞出新创意的经典案例。之后汇整发展出名为 Gehry Technology 的 CAD/CAM 程序系统，成为建筑事务所针对数字技术研发的重要先驱。弗兰克·盖里向来钟爱"鱼"的生物曲线动态感，几件重要的数字建筑作品如鱼 - 巴塞罗那（Vila Olímpica Fish Sculpture）、毕尔巴鄂古根海姆美术馆（Guggenheim Museum Bilbao）等，都捕捉到鱼形游动的自由曲线，说明数字科技对于非线性形式的建筑造型具有绝对关键的影响力与执行力。

而数字发展最为成熟及齐全的 Zaha Hadid 事务所，旗下有名为 Computational Design Research Group（CODE）的数字研发团队，主要由建筑理论实践家的合伙人 Patrik Schumacher 主导，带领团队以各种程序语言撰写及应用软件开发来解决现实案件上的复杂自由形体建筑，并在 2012 年出版《自我生成的建筑》（Autopoiesis of Architecture）一书，通过大量学术研究验证及宣告参数式主义（Parametricism）时代的来临。

随着建筑设计日趋复杂以及在时代讲求成本效益的趋势之下，越来越多的跨国性超大规模建筑设计依赖数字信息整合的效率，因而数字能力也成为全球顶尖建筑师争取国际性竞赛的决胜关键。如 NBBJ 与 CCDI 合作设计的杭州奥林匹克运动中心，成功与革新之处正是全面通过参数化程序与 BIM 优化设计过程，以可调整修改的计算机脚本取代一次性的固定模型，消除了以往"设计—测试—放弃"的诸多不确定因素，大幅提升营建成果效益，其成功无疑宣告着数字整合技术将主宰新世纪的建筑走向。目前全世界大型事务所也都开始建构专门的数字部门或特别小组，也可见数字性对当代建筑的影响力真不容小觑。

► **Nordpark Cable Railway** | **2007 澳大利亚** | 建筑师 扎哈·哈迪德 | 扎哈·哈迪德的作品向来具有突破几何思维的特点，如本案建筑本体具有复杂的非线性造型，需依靠计算机辅助设计（CAD／CAM）创造出预制的模块化零件，才能在现场精准地组构成精密的流体造型。► **杭州奥林匹克运动中心** | **兴建中 杭州** | 建筑师：NBBJ | 杭州奥林匹克运动中心如花形般的建筑皮层（surface），即是在设计前段大量运用 Grasshopper 运算生成，再导入 BIM 系统，若无此数字运算工具的辅助，无法如此精确地表现这体育场的复杂形态。

设计 © ZAHA HADID ARCHITECTS　摄影 © Roland Halbe

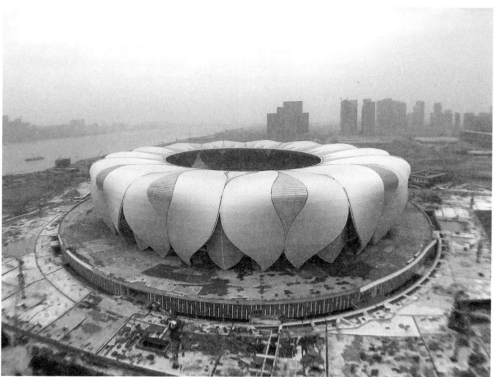

■ 案例 01

地表上的新长城
跃动当代都市数字美学

设计｜竹工凡木设计研究室
时间｜2014 年设计中
地点｜北京

北京盘龙
复合文创商业园区

本案位于北京五环上遍布交通枢纽的新开发区域，在地理位置的意义上具有老北京的深厚文化底蕴，同时又隐含着蓄势待发的新兴资本潜力。因而这座复合式文创商业园区所追求的不只是商业考量，更注入艺术、文化、人文、金融等丰沛能量，试图创造一个特定互动交流的复杂场所，借此来聚集、组织和催生各种事件（event），期望成为当代北京的新地标。

▼ **渐变绚丽的光影** | 夜间的建筑立面结合灯光照明设计，通过不同程度的渐变翻转，形成如龙鳞般的美感，折射出绚丽虚幻的视觉感受。

龙脉绵亘，宛若蛟龙动地而来

　　由于本项目所在处为一座长向基地，建筑本体延伸长度约有 550 米，而不远处即是北京首都机场，可预期此座建筑项目落成之后，势必能成为航机起降之际，旅客在空中对北京留下的地景记忆。另一方面，邻近四环区段已有 2009 年由李祖原建筑师所设计的"盘古大观酒店"，通过后现代主义的观点，以符号手法转译巨龙形象，是北京最受瞩目的都市地标之一。本项目亦希望能从设计概念上与前辈巨作延续呼应，希望能承先启后地串联回应"龙脉"的城市脉络。因此，对应着盘古大观的静态龙形，我们采取蛟龙游动而鳞甲翩舞的动态形象，同时也意图借由龙鳞闪现折射光芒，在地表上唤醒一道新生的长城脉动。

纳聚百川，多元共构自成一格

　　在设计初始阶段，即表明本案的设计主轴是要创造一个弹性的空间载体，来承载各种商业种别和变异的可能。因此，如何让地貌景观、建筑皮层、室内外过渡空间、室内机能形成一致性的关联（relating）和互动（interaction），亦是本案所致力的目标。考虑到此座大型复合式商场的多样功能，包含饭店、金融办公室、商业街、电影院以及写字楼、住宅等，将如同海纳百川，形成多元碰撞、百花齐放般的交流场所。为了创造最大限度的包容性来承载各方创意能量的汇聚，室内格局采取"自成一格"的格状规划，同时也呼应了建筑表皮的变化，像是龙身的片片鳞甲，让建筑的表皮形态与内在结构形成相应的同步思维。

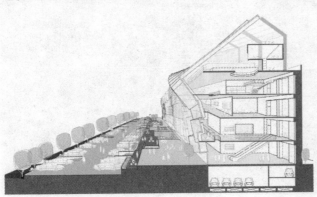

◀ **运用剖面探讨设计** │ 此为短向剖面图，借此探讨户外景观、建筑皮层、公共主走道与室内第二皮层的关系。尤其受到建筑本体复杂渐变的影响，各楼层之间在使用面积与功能上均有不同的微妙变化，不经意出现的渐变挑空，更是串联垂直空间的重要元素。

▲▲ **如地龙扭转的样貌** ｜呼应基地的狭长特色，把平直的建筑转换成一连串块体的扭动，一系列连续渐变堆叠的建筑块体及瘦长的基地形态，造就了有如龙形缩放后的形象缩影。▲ **临空俯瞰的地景样貌** ｜目前建筑基地已整地完成，未来总长 550 米的狭长建筑将全面展开，为此地创造活泼的天际线。也因紧临机场，未来在飞机上也能看到此扭动的新城市地景。▶ **盘古大观酒店** ｜ **2009 北京** ｜建筑师：李祖原 2009 年由李祖原建筑师于北京四环所设计的"盘古大观酒店"，以后现代主义的观点，运用符号手法转译巨龙形象。

数字形构，古典祥瑞赋予当代新生

针对基地狭长特色，以计算机辅助设计及参数式设计方法（parametric design process），创造一系列连续性差异（continuous difference）的单元方块扭动组合，暗寓山形水脉的意象，把平直的建筑转换成块体的扭动，一系列连续渐变堆叠的建筑块体及瘦长的基地限制造就了有如龙形缩放后的形象缩影。建筑立面采取龙鳞般的反射材质与照明设计，通过不同程度的倾斜翻转折射出绚丽的光芒，一方面体现了龙形建筑身形跃动的生命力与张力，另一方面则通过三维空间的转动渐变，让室内外的使用者体验周围环境与信息的交错流动。

非线性思维 在不变中求变

本案为在概念、形式、机能、结构、法规、招商与造价中求得平衡，在设计概念确定后，我们写出了一组能够控制整体造型变化的程序，在既定参数可控制的前提下做出各种维度的复杂变化，也因不同参数的组合导致各种多样性和不确定性的结果，而某些时候这种不预期性反而激发了团队对于空间想象的潜力。这即是一种处于持续变动的状态下，找寻空间无限可能的非线性设计操作方法。

◀◀ **3D 打印介入设计过程** | 以3D 打印机制成建筑模型，借此研究建筑外观皮层与结构的关系，来回探讨之后再导回到参数设计阶段进行修改调整。◀ **大比例模型探讨空间的流转** | 为了解光线在不同倾斜尺度上所形成的光影效果，借由 3D 打印机制成不同比例的建筑皮层模型，以利探讨复杂翻转下的空间变化。

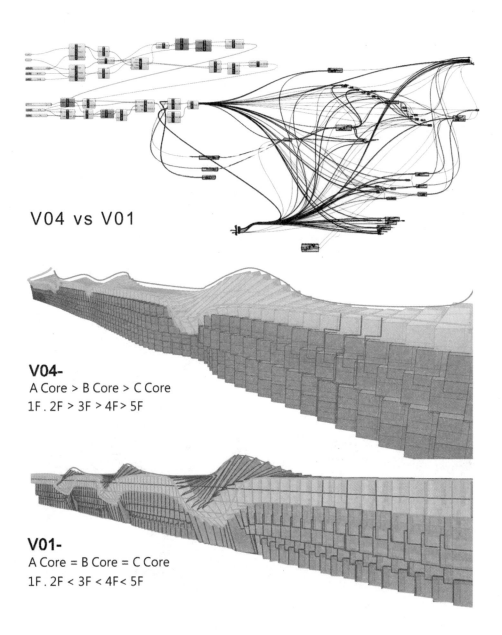

V04 vs V01

V04-
A Core > B Core > C Core
1F . 2F > 3F > 4F > 5F

V01-
A Core = B Core = C Core
1F . 2F < 3F < 4F < 5F

▲ **BIM 整合优化流程** | 通过BIM整合从前段设计概念到后段结构深化，在既定参数可控制的前提下进行各种维度变化的探讨，借此检验造价、工期与形态间的复杂关系，以利业主做重要决策及利于后续团队的承接。

■ 案例 02

老屋里的一棵树
赋予传统街屋创新艺术新思维

设计｜竹工凡木设计研究室
时间｜2010 年完工
地点｜桃园

树下

业主夫妇对于三名子女的教育相当重视，除了翻修老屋外，还在空间中增设美术教室，期待通过环境的色彩风格与明快新颖的设计感，在生活中启发子女的艺术感与创造力。年轻的业主夫妇均留学国外，对前卫观念的艺术品位与设计事物接受度高，也特别重视空间特质的营造。因此，本案从建筑结构与整体意象思考空间表现的可能性，提出在空间置入向上生长的"大树"作为设计概念意象，以大树生长来创造树下学习的意象，回应业主对于子女教育的用心与社区美术班的需求。而除了艺术性之外，"大树"同时还拥有更重要的责任与功能。

▼ **鲜明绿色引领动线** | 通过强化玻璃配合树枝意象，巧妙化身成为轻透的楼梯扶手，借此让空间有增大之感，同时鲜明绿色既是视觉焦点，也引导着上下穿越的行进动线。

▼ 通过计算机运算出合宜的设计及结构 | 本案中最核心的大树造型及结构是通过计算机演算生成的，借此寻找出对空间最有效及最经济的设计方案。**▼▼ 渐变折板隐喻树荫意象** | 天花板采取连续渐变的折板设计语汇，呼应树荫的意象以增添空间意趣，同时也配合结构支撑及灯光照明等设计需求。**▼▼▼ 造型天花适时取光** | 隔断墙上端切除 35 厘米并采用清透玻璃，让空间中各个角度都能见到大树，并让整体采光更均匀分布，给予小朋友明亮的学习环境。

枝干撑挂
兼具艺术美学与结构考量

　　因一楼前段是传统闽式房舍，在旧结构之上继续搭建转换为三层楼的建筑，而所有楼梯挑空位于同一位置，加上当时建筑新旧交接面处理不当，担心整体建筑往一楼前段微倾，虽不至于影响建筑安全，但最后还是决定局部加强结构，树中结构以 H 型钢加固，由下往上的绿色树干，长出地面蜿蜒攀附穿过楼层，向外蔓生高低依托墙面伸展而上，从垂直方向巧妙加固了挑空后的楼板与结构强度。

数字演算
虚拟大树的具体落实

　　本案的设计过程是采用计算机演算方法，给予空间中几个结构和形式考量下的相对坐标，让"大树"在计算机环境中计算，产生数种可能的支撑形式之后，再从中评估选择最佳方案进而深入规划。天花部分以三角形为原型进行数字演算，渐次将二维的三角形错落散布在天花板，复以挑空中的大树为中心，运用折板系统将天花板翻折成立体块面，由枝干伸展依附的墙面天花开始变化，沿着挑空周边建构

出延展的起伏角面，意图营造动态树荫之感。而现场施工阶段，则通过激光坐标定位，配合计算机辅助系统，精准快速完成组建工程。

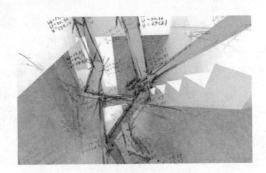

▲ 枝芽漫长，依托于墙上 | 由下往上的绿色枝干，像从地面蜿蜒攀附生长，再穿过楼层向外蔓生，高低依托于墙面伸展而上，同时也从垂直方向巧妙加固了挑空后的楼板与结构强度，最重要的是也给予了小朋友无限的想象空间。

■ 案例 03

数字新境界
虚拟与现实共构的新景观

设计｜竹工凡木设计研究室
时间｜2016 年设计中
地点｜镇江

▲ **充满未来感的 B12 星球**｜"B12 星球"目前已在进行基础工程建设，未来会有七个故事线串联起虚拟与现实共构的新景观，同时园区内也将会出现大量非线性形态特征的建筑聚落。▶ **虚实共构的生态游乐园**｜"B12 星球"是以虚拟体验和数字互动体感为特色的生态游乐园，同时以南山为背景，将是绿色生态与现代科技完美共生的新形态游乐园。

｜ B12 星球

数字科技和新媒体的成熟发展，改变了当代人娱乐的习惯与思维，推进了新时代娱乐经济进化，也催生了互动式主题乐园"B12 星球"的诞生。预计占地 2000 多亩的"B12 星球"也将成为世界高科技娱乐经济的指标，成为长江区域经济带上的一颗明日之星。未来将由专业游戏运营团队自主开发 2660 余款互动游戏，整合运用 Kinect 和 RFID 等互动技术和思维，加上全区覆盖高速网络，让游客可以跟 B12 的世界进行线上线下的互动，体验虚拟与现实世界融合的乐趣，开创新时代去时化（timeless）主题乐园。

中国即将成为世界最大的主题乐园市场

随着中国经济的高速发展，加上社会生产力的不断提升以及劳动生产的提高，人民的生活水平不断提高，促使旅游业成为中国重要的经济支柱之一。随着旅游时代的来临，在日益融入现代人们的生活和经济活动的同时，游乐园已成为异军突起的超新兴行业。无论是已于 2016 年开幕的上海迪士尼（Disneyland Resort），还是知名动画公司梦工厂（Dream Works）将于 2017 年开幕的"梦中心"（Dream Center），或是 2019 年将于北京开幕被视为全球占地最大的环球影城（Universal Studio），都能强烈感受到这股潮流。此外，

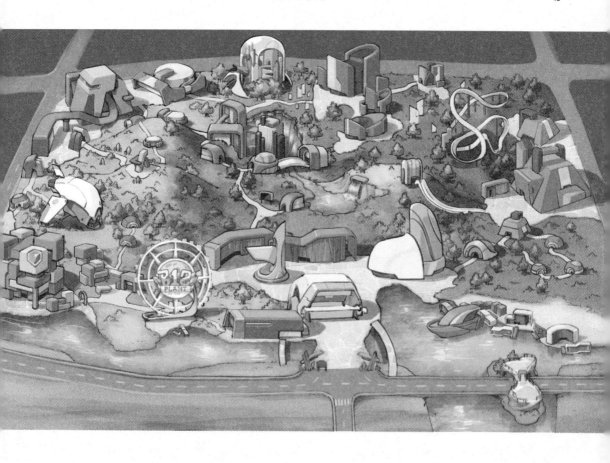

中国商业地产巨头万达集团也策划于中国十多个城市开设主题乐园，这也将全面冲击旅游业的发展方向。

数字网络串联虚拟与现实，"B12 星球"诞生

对！你没听错，中国近年来正以前所未有的速度兴建游乐园（amusement park）。根据全球知名建筑工程顾问公司 AECOM 预测，2020 年中国将超过美国与日本，成为全世界最大的主题乐园市场。本项目位于江苏省镇江市，是一个定位为山水花园城市的数字化游乐园，名为"B12 星球"。有别于传统的游乐园，这将是全世界第一个被互动网络高密度覆盖，并以数字多媒体互动（Human Computer Interaction，简称 HCI）为主体的国际规格游乐园，将通过智能手机、互动装备串联起现实与虚拟共同上线的超时空体验，打破线上线下、园区内外、族群区隔等界限，成为全方位的去时化游乐园。因此，会引进大量国际的数字导向团队进驻，将是一个以数字研发为配套基础的创新形态游乐园。未来园区内也将大力发展创新设计、新兴传媒、动漫游戏、数字技术开发等新兴产业，导入并提升发展广播影视、出版发行、演艺娱乐等传统产业，进而拓展文创产业市场，成为绿色生态、科技园区与文创产业完美共生的新形态游乐园。

02

动态性 Dynamic

游走在动静之间的
建筑美学新价值

关键词

流动空间 Liquid ／ Fluid Space

机动力 Mobility

移动建筑 Mobile Architecture

可调整 Adjustable

游牧空间 Nomadic Space

非均质结构 Textural Anisotropy

可拆卸的 Removeable

■ 概述

　　非线性建筑的动态性格可分为四个层次。第一是实际为静态，但视觉上通过设计手法或新媒体的应用创造出动态感，通常会反映在建筑形态或外观（surface）上。第二是在空间架构上采用非最经济思维下的复杂动态结构系统。第三则反映在空间布局的层次，通过合理的开放式的空间安排，创造流畅的空间体验感。第四是建筑开始被赋予真正移动的能力，通过创造出可动的构造物或机构，并借由机械力或物理环境使之移动或动作。

动静之间，回应非线性思维

　　动态性一直是近代建筑发展中重要的课题，主要是指观者通过视觉感官，感受到建筑或空间所表现出"仿佛会动"的流动感（movement），是直观的视觉特征。而非线性建筑思维下的"动态性"相较于过往拥有更多元的层次，从现代主义时期因技术与时代氛围的限制下偶有零星的佳作，20世纪60年代对于移动建筑的天马行空，80年代解构主义时期出自于对情感抒发所创造出的非理性的极端动态感受，到21世纪的当下，因相关计算机、科技、建造技术及时代氛围的架构下，所创造出的非线性的动态感，更具和谐感和掌握度。这除了是建筑美学上的突破和新价值外，同时也回应了当代非线性思维所关注的变动性、不预期性与非均质性，颠覆了人们长久以来认定"坚固建筑该不动如山"的价值观。而观察当代建筑的动态性特质，大致可归纳为"形态""结构""布局""可移动性"四个方面。

四大方面，表现动态性观点

　　表现在建筑"形态"的动态性特质，乃利用扭曲、翻转等直观的动态手法，来创造未被既有形态羁绊的有机形体（organic form），在视觉上呈现出不稳定、不对称、不均质且具有强烈动态感的开放建筑空间，是最常见也最易被觉察的方面，但最重要的是当下的我们已具备成熟的掌控能力。再者，于建筑表皮上也常运用多媒体互动技术（HCI）来创造动态影

像，或者借由装置、物品或构造创造可以表现出摇、摆、晃、转等动态特质的建筑元素，将"吹皱一池春水"的诗意表现，转化成为建筑轻盈动感的外观。

而"结构"方面的动态性特质，通常运用于非均质性的动态结构分布，这种隐性的动态性必须依赖大量的精密计算和复杂程序的配合，通常运用在复杂或特殊空间的表现上，或是满足当代建筑对于极限值的追求，因而造型"本身就是结构"（Form Follow Structure ）就是一个重要的特征。再者，第三个方面谈到空间内部的格局与动线，这也是当代建筑对于动态性常表现的手法，通常具有去中心化、弹性使用、多元拼贴、自由意识、解构重组等特质，松动人们对于传统空间格局的固有认知。

第四个方面是当代建筑师也开始更精确地、具有更大维度地赋予建筑"可移动"的能力，通过单元性模块化的思维或创造出可动的构造物或机构，借由机械的力量或物理环境的自然力使之移动或动作，让实体建筑具备"游牧"的能力，挑战着人们过往对于建筑"不动如山"的认知。

但无论是哪一个方面，要让建筑展现动态性的表现，都需要通过相对复杂的过程和跨领域的整合，因而当代数字科技的发展可以说是不可或缺的重要推手。正如日本建筑师五十岚太郎也曾说过，因当代计算机技术臻于发达，才能达致极度精密的运算，让以往空有理念而无法付诸行动的想象成为精确的真实。

图片提供 © Serpentine Gallery　设计 © 伊东丰雄 & Cecil Balmond　摄影 © 2002 Sylvain Deleu

▲ **蛇形艺廊临时展厅**｜**2002 英国**｜建筑师：伊东丰雄 & Cecil Balmond｜空间中完全看不到多米诺思维的梁柱系统，而是通过钢板相互依赖，建构出承重墙概念与变相梁柱系统的混种动态平衡。▶ **非均质的动态结构**｜从屋顶至墙面连续不断的结构体，通过算法设计创造了看似不稳定却取得均衡的动态造型，轻质而流通，也创造了更多人、自然与建筑连接与对话的机会。

图片提供 © Serpentine Gallery　设计 © 伊东丰雄 & Cecil Balmond　摄影 © 2002 Sylvain Deleu

精密数字运算，让建筑动起来

曾任宾夕法尼亚大学设计学院"非线性系统中心"（Non-Linear System's Organisation）首席执行官的瑟希尔·包曼（Cecil Balmond）与伊东丰雄 2002 年于英国伦敦合作的蛇形艺廊（Serpentine Gallery Pavilion），有意无意挑战了多米诺思维的梁柱系统，利用计算机演算法（Algorithm）通过钢板相互依靠建构出的承重墙概念，与变相梁柱系统混种形成动态平衡结构体，钢板规则化的轨迹旋转构成的非线性造型，呈现看似不稳定却取得均衡的动态造型。有趣的是，在蛇形艺廊完成之际，伊东丰雄即明确表示他对于包曼所提出的非线性思维很感兴趣，显然两位大师的思维与创意在实际创作碰撞后形成更明确的论述，甚而影响到伊东丰雄往后的建筑发展，从轻透的"流动的建筑"进而追求非线性的思考。

而说到"会动"的建筑，当然不能忽略2008 年由扎哈·哈迪德所设计的香奈儿流动艺术馆（Chanel Mobile Art）。运用她一贯的先进计算机技术和非线性及参数式思维论述，以轻质钢结构和玻璃纤维增强复合材料（Fiber Glass Reinforced Plastics），让这座艺术展场可以被模块化地拆解、装箱、重组，前往东京、纽约、洛杉矶、伦敦、莫斯科、巴黎等各大城市巡回展览。这种移动式、游牧式、多元使用的行动空间装置，无疑阐述了现今城市、建筑和人们无处不在跨界交流的游牧性格。

而伊东丰雄于 2004 年完成的表参道 TOD's 旗舰店也是动态结构系统相当经典的案例。为了创造树木有机生长的城市背影意象，其不规则错乱的非线性形式几乎无法在现场进行浇筑，只能通过大量计算机的精密复杂计算，先在工厂制作非规格化的预应力混凝土块，之后运至现场组合，不论是其建筑本体外观上的动态观感，还是在外显形式下隐藏的动态结构构成，或者是整体建造的过程，都充分反映了当代建筑的流动、迁移与动态性特征。

图片提供 · 设计 © ZAHA HADID ARCHITECTS   摄影 © Toshio Kaneko

▲ **香奈儿流动艺术馆** | **2008 年摄于东京，现位于阿拉伯** | 建筑师：扎哈·哈迪德 | 香奈儿流动艺术馆的外形灵感取自于贝壳的螺旋有机形态，而建筑本身的移动能力也让这座建筑物像是一枚承载记忆的贝壳，循环着登陆、发声、消失、旅行的过程。◀ **便于拆卸移动的轻质材料** | 整体建筑经过精密的计算，并由骨架系统搭配硬质的玻璃纤维增强复合材料及部分软质薄膜构成，以利于"游牧"的需要。

▲▶ **表参道 TOD's 旗舰店｜
2004 东京｜**建筑师：伊东丰
雄｜结构上采用了预应力混凝
土，虽是非最经济思维下的结
构系统，但基本上是为了达到
两个目的，第一是创造仿效树
木生长的有机语汇，第二则是
为了让空间中不落柱的机能需
求。◀ **复杂的预应力混凝土结
构｜**这样的结构强化了钢筋混
凝土横向拉力（钢筋）与垂直
向压力（混凝土）的结构力学
装置，事先施加压应力，使其
反向抵消原本应受之拉应力。

案例 01

走进动画里
3D影城美学新革命

设计｜竹工凡木设计研究室＋衡美设计
时间｜2009 年完工
地点｜台北

京站威秀旗舰影城

　　电影最初是从照相术演进而来，因而以摄影为基础，加上特有的技术手段所造就的电影产业，善于通过叙事描述与论述表述，是一种以视觉叙述维度为主的艺术创作，也是从静态影像走入动态影片的重要里程碑。当时京站威秀因故独立出来并于台北核心地区开幕的旗舰影城"VIESHOW 威秀影城"，身为主案设计师的我思考着如何创造出具有视觉张力的空间，同时也需回应电影的本质与内涵。十分巧合的是，当时的电影界出现跨时代的革命，改变人们观影习惯的重要进程。

▼ **瞬间动态的静止视感** | 利用动态模拟并截取静态片段，创造出雕塑般的有机形态，借此展现充满视觉张力的戏剧效果。

3D 美学的全新纪元

许多人在京站威秀看的第一部电影，就是写下 3D 电影全新里程碑的经典之作《阿凡达》。京站威秀影城开幕于 2009 年 12 月，同时也是《阿凡达》如火如荼在台上映的日子。这部电影虽不是第一部 3D 电影，但却是全程以 3D 技术实景摄影制作而非由传统 2D 影像转制的 3D 电影，且一般电影院就能放映。新奇的 3D 电影经验加上崭新的京站威秀影城落成，或许只是人们生活中一场小小的娱乐事件，但其历史意义非同小可：数字 3D 技术已全面冲击并改变人们的视听感官经验。

当电影也能创造三维的感官效果时，虚拟境界与真实世界之间的界线，似乎又变得更加模糊了。建筑设计本来就是创造真实的三维空间，最初在构思京站威秀的设计时，虽并非刻意迎合 3D 电影的技术课题，但是在精神上却是遥相呼应：利用创造"视觉动态感"来达到"戏剧化"的空间效果。

富有戏剧张力的动态空间

在 3D 电影中的戏剧化效果，是利用立体视觉原理创造出周围景物仿佛具有移动的动态，使人感觉"身临其境"；而我们所要打造的真实影城空间则是反其道而行之，我们利用动态模拟（animation simulation）的方式创造出许多的动态形态，并于某程度的限制条件下截取出静态的片段，通过折板（folded-plate）呈现动态感的有机形态，期望借此设计幻化出虚拟的世界感。

因此，我们从 VIESHOW 的 logo 发想，通过三角形相互排列组合，从入口隧道"线"（line）的交织，渐变成天花的"面"（face），最后再转换成"体"（volume）落回到空间上，让观众体验一系列由点线面体构成的戏剧性空间氛围，同时也借此手法来暗示空间的序列性和主从关系，让观众在搭乘通往影城的电梯缓缓向上时，即有种扩增实境（Augmented Reality）般走入虚拟世界的戏剧化感受。在技术手段上，通过参数式流程（parametric process）演算配合大量剖面的探讨，试图将折板系统所主导的自由形体天花板简化为六个模块（modular）来排列组合，期望借此有效加速工程的进行。

▲ **开阔天花展现大尺度张力** | 由于主大厅的天花板尺度够大，我们通过大尺度折板系统（folded-plate system）赋予空间戏剧性的张力，同时也希望强大的视觉效果能重整五楼的零碎空间。

◀◀ **折板隐含 logo 意象** | 细部设计的部分延续企业 logo 的三角形几何意象，以线条组构出的三角形纹理（pattern）定制模块化的 PVC 地板，让四边相接的纹理呈现了无接缝的延伸感，带给观者全面性的非凡空间经验。

◀ **一体成型的造型** | 从柱梁到天花板系统一体成型的大尺度空间，给予观众惊奇的三维空间体验。

■ 案例 02

动静之间，
方寸间的峰回路转

设计｜竹工凡木设计研究室
时间｜2013 年完工
地点｜桃园

皱褶 - L 会所

　　本案业主是布料界的成功经营者，在这个属于他个人的私人会所里，设计团队以布料为灵感发想——凭借业主低调的艺术家性格，共同创造出属于个人的小宇宙，这是最接近自己的一个属于自我的世界，一个专属的会所，一个自身的栖息场所，一个沉静的天地，一个标志个人风格的奇景异境。

▼ **如柔软丝绸般的墙面肌理**｜将二楼的楼板打开，创造一个挑高
8 米的开放公共空间，并置入一个大尺度的空间物体（object）
作为电视背景墙，每日夕阳余晖透过云隙洒落在这块"布料"的
皱褶肌理上，演绎出层次丰富的光影表现。

▼ **等比例雏形（prototype）建立，探讨曲面变化可能**｜先制作不同比例的快速成型模型来探讨曲面与光线间的变化，最后再进工厂利用数控机床将大型保利龙块和发泡块加工处理，制作1：1的模型（mockup），后续再后批覆玻璃纤维增强复合材料和打磨上漆。▼▼ **元件模组化促进施工效率**｜经过精密的材料及形式计算，在工厂先完成模组化的单元，之后再运至现场组装，有效缩短工期及节约现场施作的资源。

蜿蜒皱褶中的叙事网络

布料是一种充满生命力的材质，通过挤压、折叠起皱而成的线痕皱褶，会呈现出细碎锐利的褶面；而卷曲的起皱会产生柔和的曲面和边缘，千回百转之间创造出动态盎然的柔动姿态。归纳我们对于布料的观察、体悟和想象，形式上我们从布料的皱褶出发，除了隐然回应对于非线性形式的喜好与钻研，时间和空间随着物质本身的折叠、展开与扭曲，形成一种本质上没有内外之分的空间美学，打破了欧几里得的过往几何空间概念，凝聚了一个动态运动中的片刻，我们通过有机、非线性、抽象的写意风格，创造出似景观、似装置、似墙体、似软装陈设的空间物品群，交织起属于这会所特属的叙事网络，进而转译成一种超现实的诗意空间。

数字的永续思维

因预算的考量，整体空间也导入节能永续的思维。第一，整体空间的格栅都是搜集可再利用的实木角料经过漆料的修补所拼接构成，在制作复杂形体之余，将其剩余的材料转到其他空间场所再利用。第二，为达成空间中的复杂形体，设计前期阶段先在计算机参数化的环境中设计出转译形体，并利用快速成型技术（RP）输出实体模型进行设计讨论与沟通，并在计算机中来回分析与修正。从设计到施工的整个过程，都通过计算机辅助设计系统及计算机参数化设计流程精密控制，试图在压缩的预算及工期内，将无秩序的物品有效模块化与制程化。

▲ **墙面、吧台跃然成为空间主角**｜空间中许多角落都置入展示性高的物件（如电视墙、吧台），意图打破空间既有的主从关系，重新通过空间物品的串联让空间有着叙事性的关联。◀ **融入山水意象的惊艳墙面**｜如贤人雅士将奇山异水的景致收纳在皱褶的肌理中，即使在最不重要的顶楼楼梯间角落，都有惊喜以待。▼ **蕴含书法的柔中刚气**｜一楼会客室的座椅设计充满动感的曲面皱褶，在蜿蜒细碎的皱褶中加入了书法抛筋露骨、柔中带刚的线条，在具备了西方抽象艺术的现代表现基础上，也充满东方书法线条的动态语汇。

■ 案例 03

回归纯粹本质，
悠然游走在不受拘的原材场所

设计｜竹工凡木设计研究室
时间｜2013 年完工
地点｜台北

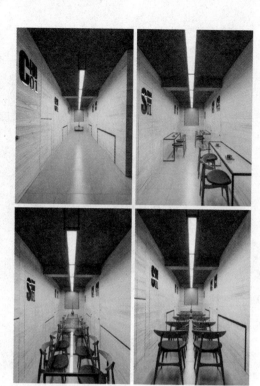

▲ 创造空间最大使用效益｜为解决员工宿舍多元的需求，使用者可将桌面嵌入壁面，借此安排最适切的配置；而平常不使用时则全部嵌入，留出最大的流动性和空间效果。

CHU studio—
竹工凡木台北总部

　　米歇尔·马尔赞（Michael Maltzan）曾说过一句话："我对解决一切都不感兴趣。"（I am not interested in solving everything.）建筑要解决的课题太多而且太广，我认为当代设计的思维不是追求面面俱到，而是在每个设计案中找到其自身特有的切入点。因而，建筑不再只是全面性的建构（construction），而是通过解构（deconstruction）的过程，找到单一的切入点，用定制化的思维和手法来面对处理，这也是竹工凡木的核心理念。

流动开放的平面，动态需求的回应

　　竹工凡木台北总部和员工宿舍因本身空间都不大，空间策略上以最少的隔断来创造空间的流动性，同时为了让空间更有效地利用，并应付瞬息万变的动态需求，我们将室内空间元素与家具整合在一起思考，桌面将能视情况嵌入壁面，使用者将可依据不同的需求和活动，安排最适合的平面配置，会议室也采用相同的手法。再者，办公室的平面为一个"回字形"，再配合多界面（interface）的置入，将可应付设计公司平日烦琐而复杂的多元需求。

建筑的初衷，材料的特质

　　竹工凡木会定位为"设计研究室"而非"设计公司"，其精神是表达对于空间探索的追求

与渴望，从课题的探讨、材料的研发及对于数字工法的创新，我们除了致力于创造好的空间品质外，更期望保有最初建筑人对于构筑及材料的坚持，体现建筑本质的美感与力量。因而我们相当注重材料的细节及组合搭接，在卸除掉浮夸的表象材料后，期望回归到对于建筑最初的信仰，大量使用质朴的材料来表达及相信对于材料特质的感触。所有的细部构造及多元机能都基于缜密的构思与量身定制，通过混凝土、黑铁、原木等材料，以精细的工业计算和理性简单的线条来诠释人文的生活态度。

▲▲ **展现原始素材的本质** | 竹工凡木总部大量使用质朴的材料意图表达对于材料特质的感触，尤其对于混凝土、黑铁、原木等材料的钟爱，相信装饰材料的质感和力道。▲ **内嵌手法让功能无所不在** | 竹工凡木会议室也采用相同的手法，可视情况，通过二层的介面和内嵌式手法达到多变化的配置可能。

03

拓扑性 Topology

**扭转现代主义的
水泥盒子**

关键词

拓扑学 Topolog

类型学 Typology

形态学 Morphlogy

莫比乌斯环 Moebius Band

克莱因瓶 Klein Bottle

同质性 Homogeneity

离散性 Discrete

拓朴空间 Topological Space

连续性 Connectivity

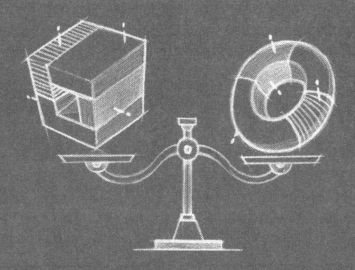

■ 概述

　　非线性建筑的拓扑性格是一种摆脱测量与距离的几何观念，是定性而不是定量的问题，运用在建筑领域上通常反映为空间的连续形态及机能（program）的观点建立。拓扑空间就像是一个可以随意塑造的黏土，所有的扭曲、延展、压缩等动作，可在连续的变形下保持不变的性质，简言之，在拓扑的观点里，立方体和球体是相同的。若以数学来理解，符合拓扑运算的条件，就是视拓扑为一个集合运算，不管里头怎样集合如何变形，它们之间的关系都会维持不变。因而拓扑的概念不能机械性地（mechanical）线性思考，而要允许有机性的（organic）变化，避免过于均质而让可变化因素的差异性（difference）消失。

掌握拓扑观点，离散空间产生关联

　　拓扑学（Topolog）是在 19 世纪末兴起，并在 20 世纪中期迅速蓬勃发展的一门科学，是近代科学发展的一个研究连续性现象的数学分支，起源于分析数学但却不是分析数学的一科，而是一门几何学科——关心的是定性而不是定量的问题，是第二次世界大战后数学研究领域的重要基础，随着当代交叉学科蔓延的影响，建筑和拓扑学的交互影响已是必然。

　　由拓扑学所衍生出来的"拓扑性"这一概念，则是指在连续的转换下保持不变的性质，包括连通性、一致性及游离性等特点，适合拿来描述渐变的形体与现象——当几何形体受到变形动作时，形变前后点与点的相对位置都保持不变，而无关乎形体的长短、面积等度量性质，就像是一块黏土受到外力挤压而变形，但

是形变后的黏土与其变形前的状态，从拓扑学的角度来看完全是相同的。换言之，在拓扑学的定义中，立方体和球体相同，因此建筑设计中古典样式的穹顶（dome）及现代主义下的平屋顶，两者是等价的。也就是说，拓扑的观点可以让相互间没有关系的"分离空间"聚集关联（relating）起来，也就是西泽立卫（Ryue Nishizawa）曾提过的空间的离散性，让本无关联的空间有了一定的秩序，或将某空间转移到另一个空间中，但在转移过程中保留既有的关联性。简而言之，更关注于"关系"而不是外在的形态，这就是拓扑思维下的空间观点，西泽立卫在东京设计的森山邸就是试图通过内外反转的手法重启连接。再举个例子，勒·柯布西耶的朗香教堂基本上就是一个立方体的拓扑变形，简而言之，以拓扑的观点，有机形态

▼**森山邸** | **2005 东京** | **建筑师：西泽立卫** | 西泽立卫所设计的森山宅，企图颠覆以往对于"完整"住宅的设定，试图通过内外反转的手法，将开放空间（庭园）视为生活的核心，期望通过虚空间（开放空间）来连接生活、活动与城市。

的朗香教堂就是个方盒子。

　　虽然拓扑学在建筑设计的应用上较隐晦而抽象，实际上还属于未完全成熟的建筑思考，但它的发展潜力无穷，是建筑师面对未来建筑探索和发展的一个重要媒介，因而终究会启发建筑师的思考，催生更多元观点的建筑形态。

而随着时代的变迁、科技的发展及当代多元的需求，拓扑观点亦将有助于发展及诠释自然界和社会现象中都隐含的各种潜在的非线性特质，比如建筑计划（program）、空间形态、城市规划策略等，都可用拓扑结构的观点给予新的发展。

▼ **中央电视台总部大楼** ｜ **2012 北京** ｜ 建筑师：OMA ｜ 中央电视台总部大楼打破了现代主义高层建筑被楼板限制住的封闭性，而以都市尺度而言，环状建筑物上的"洞"亦具有连接都市空间视野的穿透用意，更重要的是建立对于高层建筑的新形态（Typology），由"塔"转向"环"。

内外翻转的"环"状形态

　　拓扑也是一种几何形态的思考，适合拿来描述渐变（morphing）的形体和现象。例如大家熟识的莫比乌斯环（Moebius Band）及克莱因瓶（Klein Bottle）就是用来表达拓扑形态的经典案例。举例而言，OMA 在北京完成的中央电视台总部大楼，即是通过环状动线的形态，意图颠覆传统思维下一味追求高度的摩天大楼形态，并导入参观动线，强调空间的开放性与连接性。而 OMA 于 2004 年完成的西雅图中央图书馆则是一个被点错位的变形盒子，一个机能交错（cross-programing）的都市容器（container），内部空间以信息交流和社交导向为主，图书馆传统而单纯的静态藏书功能，转变成以互动与交流为主的动态机能，使

图片提供 © OMA　设计 © 主管合伙人 Rem Koolhaas、Ole Scheeren（至 2010 年）、David Gianotten　摄影 © Iwan Baan

图片提供 © OMA　摄影 © Philippe Ruault

▲ **西雅图中央图书馆** | **2004 西雅图** | 建筑师：OMA | 通过交叠错落的平台，破除传统楼层的概念，再以环状的动线串联将近一千个不同的分类书籍，方便读者阅览。▼ **循环不止的动线** | 内部采用环状动线的设计，连贯各楼层，而楼层之间的配置也依随建筑本体拉伸延展。

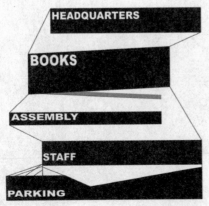

图片提供 © OMA

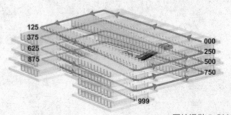

图片提供 © OMA

▼ **Moebius House 内部配置**｜生活空间和工作区交错又独立。
▼▼ **Moebius House**｜**1998 荷兰**｜建筑师：UNStudio｜打破了传统住宅中惯用的机能分割，公用空间都交织于通道的节点上，像莫比乌斯环的交织一般将生活空间与工作空间连接起来。

图书馆成为多元开放的城市客厅。水平楼板的破除及连接垂直空间的环状螺旋动线，这颠覆内外维度反转的新形态，是拓扑建筑的最佳表现。

　　UNStudio 于 1998 年完成的经典案例 Moebius House 正如其名，是运用莫比乌斯

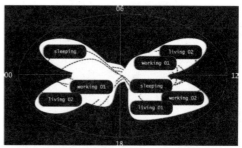

图片提供 · 设计 © Moebius House／1998／UNStudio

图片提供 · 设计 © Moebius House／1998／UN studio　摄影 © Christian Richters

▲ **台中歌剧院**｜**2014 台中**｜**建筑师：伊东丰雄**｜台中歌剧院的
格状造型像是毛衣被拉开的洞口般，内外翻转的空间形态亦可解
读为拓扑手法的一种应用。

环概念所设计出来的空间：这栋私人住宅的功能安排和表皮结构是基于一个双重闭合的环状造型，其重点不在建筑形式的展现，而是在于空间组织的安排上，将公共空间都交织于通道的节点，而生活各区域分布在一个跨越两楼层尺度的环状扭转动线上，创造出一个多维的流畅、连续、循环、有如莫比乌斯环的无限空间。

再举一例，伊东丰雄所设计的台中歌剧院是通过"衍生式格子系统"（Emerging Grid System）的概念——谢宗哲老师曾形容其原理如同一件毛衣用力拉扯时，毛线洞口变大，而线圈连接处则相对紧缩般，变大的"洞口"即是歌剧院中的"空间"，紧缩的"连接"则是建筑的"结构"，而形态上内外的连续性翻转，也是拓扑空间的特征之一。

名词小帮手 | **莫比乌斯环（Moebius Band）**

莫比乌斯环是拓扑学结构的经典例子，它只有一个面（表面）和一个边界，是由德国数学家奥古斯特·斐迪南·莫比乌斯（August Ferdinand Mbius）和约翰·本尼迪克·李斯丁（Johhan Benedict Listing）在 1858 年发现的。这个结构用一个纸带旋转半圈再把两端粘上之后就能轻易地制作出来，因为其本身内外持续轮回翻转的奇妙性质，也常被认为是无穷大符号"∞"的象征，进而影响了后来艺术大师埃舍尔（Escher）的作品，这种打破二元对立、破除正反两面，游移在平面与立体中的特质，也提供了后来非线性思维发展重要的能量。

名词小帮手 | **克莱因瓶（Klein Bottle）**

在数学领域中，克莱因瓶指的是一种无定向性的平面，它和二维平面一样是没有内外之分的，是一个闭合的曲面，就如同一个球体的表面。克莱因瓶最初的概念是 1882 年德国数学家菲利·克斯·克莱因（Felix Christian Klein）所提出的。其概念和莫比乌斯环非常相像，这个物体没有"边界"，所以它的表面不会终结，是一个可无限循环的表面，举例说一只蚊子可从瓶子的内部直接飞到外部而不用穿过任何表面，更简单地说就像海鸥飞越大海般，一直在一个平面上移动（所以说它没内外之分）。

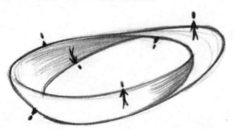

■ 案例 01

余韵不绝
以连续形态实践音乐流动乐章

设计│竹工凡木设计研究室
时间│2007 年完工
地点│台中

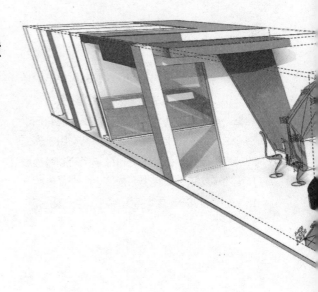

三度空间音乐坊

我相信约翰 · 沃尔夫冈 · 歌德（Johann Wolfqanq Goethe）的名言："音乐是流动的建筑，建筑是凝固的音乐。"这句话道出了建筑形象与音乐艺术在美学上的联系。当音乐家的手指触动琴键的那一刻，乐音倾泻而出，音符依顺着乐谱的节拍跳跃，高低起伏，强弱急缓，交织出章节不同的调性，如此丰沛的动态结构意象，无疑是音乐自无形的听觉感知转化为视觉美学时最鲜明的形象。而如何以空间形态谱写出一支美妙生动的无声之曲，成为我构思此间音乐教室空间设计时最主要的方向。

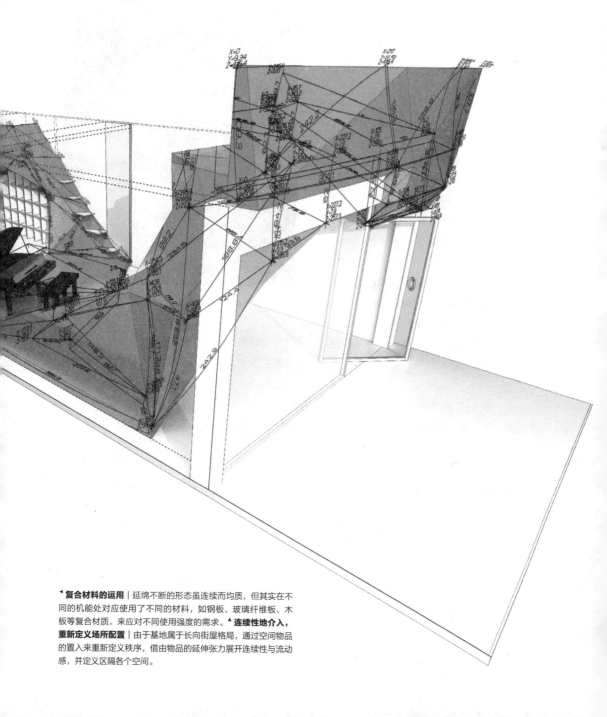

复合材料的运用 ｜ 延绵不断的形态虽连续而均质，但其实在不同的机能处对应使用了不同的材料，如钢板、玻璃纤维板、木板等复合材质，来应对不同使用强度的需求。**连续性地介入，重新定义场所配置** ｜ 由于基地属于长向街屋格局，通过空间物品的置入来重新定义秩序，借由物品的延伸张力展开连续性与流动感，并定义区隔各个空间。

▶ **展现翻折转动的连续性** ｜ 破除传统思维对于天地壁元素的定义，以连续渐变的动态形体描述空间的渐变与延展，在不断的翻折延伸之中，给予空间新的秩序与逻辑。▶▶ **向内延展渐变的入口意象** ｜ 以门口的展板醒目开场进而延伸向内，模糊区域性与边界感，呼应拓扑美学的思维。

狭长街屋化身五线谱

此音乐教室所在的基地是一座面宽5.4米、深 26 米的狭长形街屋，不适合以传统隔间方式处理格局，除了会加剧空间的狭长压迫感，同时也会造成空间使用效率的浪费。然而危机亦是转机，我将空间设计与音乐教室的本质并置思考，试图打破既有长向街屋格局，置入一空间"物品"来重新定义空间秩序，让整个空间充满了连续性与流动感，建筑或许不只是凝固的音符，更可以是流动的乐章！

于是，我们打掉大部分原有的隔间墙，创造出一条绵延整个空间的"线条"，通过此线条来定义区隔各个空间，分别是前段的展演区、中段的休息空间与后段的教学室。而此一线条所实现的不只是空间上的连续性，也是功能上的渐变性，以门口的展板醒目开场后引渡入室，接着如泻银瓶般漫开主旋律，向下铺陈为展演区的演奏舞台，接着再度翻转扬起转换为展示的墙面，再来轻巧地裹覆楼梯旁的柜台，末了再攀升转进教学室区渐变成为天花板，在一气呵成的无声音浪之中，也蕴含着当代非线性思潮的拓扑美学观点。简而言之，破除传统思维对于天地壁元素的定义，模糊区域

性与边界感，以连续不断渐变的动态形体描述空间的渐变与延展，试图给予空间新的秩序与逻辑，是本案对于拓扑美学的诠释。

在三维环境思索三度空间

由于空间整体造型是三度空间的翻折变化，形态及结构实属复杂，无法用传统的二维视图（平面、立面、剖面图）来完整精准地描述，对于设计团队与施工队之间的沟通联系也是一大挑战。因此，我们直接在计算机的三维环境中思考设计，并发展出一套不同以往的施工图纸，在空间节点中导入对象导向（object-oriented）信息，完整记载三度空间的所有信息，最后再搭配数组激光器的辅助，才让工程得以顺利进行。

■ 案例 02

解构舞者之家
一道舞带串联艺术生活

设计│竹工凡木设计研究室
时间│2008 年完工
地点│台北

舞者之家

现代舞的精神，是以艺术形式重新解读人类所有肢体动作的各种潜能，不论是行走坐卧还是举手投足，各种动作均被赋予艺术的形式张力，让人惊异发觉原来最简单的俯仰之间竟也有最宏阔的天地大美，可说是肢体官能与艺术形式最极致的结合表现。

因此，一位现代舞者所生活的空间，不也应该是机能（function）与美学（esthetics）的完美合一吗？

这次与我们合作的业主是一对年轻夫妇，女主人过去曾是云门舞集的首席舞者，因此在构思设计时，我们意图以空间设计向舞蹈美学精神致敬，打破以往住宅空间的窠臼，消融功能与美学的冲突并予以升华，重新创造空间秩序，同时注入强烈鲜明的现代风格，回应业主对于现代舞的诠释与执着。

▾ **扭转思维解构传统格局** | 配合半反射材质的使用，以带状的延伸、扭转与连续性等拓扑特质，同时解构传统住宅空间由天花、墙面、地板及家具组合的定义，利用"舞带"重新串联业主对于特殊功能的要求。

▶ **功能设计留出最大的空间余白** │ 除了沙发之外，空间内所有家具都是活动组合设计，如餐桌即是可弹性开合的设计，平时不用则可收起，让出最大的空间以供练舞及伸展使用。

连续翻折的舞带空间

　　舞者之家的设计重点不在形式上发声，而是对传统方格系统下的空间提出不同见解。我们将拓扑的特质反映在室内空间的设计思维上，以一条有如莫比乌斯环般的"舞带"重新诠释空间的区隔，通过"舞带"的介入，配合半反射材质的使用，以带状的延伸、扭转与连续性等拓扑特质，模糊了空间的方向性及独立性，同时解构传统住宅空间由天花、墙面、地板及家具组合的定义，利用"舞带"重新串联业主对于特殊功能的要求，给予空间新的秩序及方向感。而在设计语汇上，则运用半反射材质使空间的基调更轻盈、更具延伸感，黑白两色更精练纯化形式中的现代美及流动性，呼应云门现代舞的强烈风格。

日常坐卧透显舞蹈美学张力

　　跳舞对女主人来说不只是职业，更已内化为生活的一部分。因此，回归空间功能的现实面，如充足的练舞空间需求、餐厅的低使用率及以吧台作为隔断介面的需求等，都成为这座舞带空间所必须容纳承载的考量。因此，空间中除了沙发之外，所有家具都以活动组合的逻辑来设计，平时不用则隐蔽起来，让出最大的空间以供练舞及伸展使用。

　　同时我们也亟思这座舞带空间成为女主人的"舞台"，如舞带蔓延至主卧室窗前形成一座观景平台，除收纳功能外，也可让女主人坐卧其上伸展筋络，在窗景的衬托之下，即使是随意的吐纳屈伸，都成为最美的舞蹈艺术景致。我们通过拓扑思维下空间形态将舞蹈之不可见可见化，重新串联和再定义生活与工作，这也回应了我们对于当代舞蹈美学的再诠释。

▲ **极简黑白的现代风格** | 采用黑白两色，更精炼纯化形式中的现代美及流动性，呼应云门现代舞的强烈性格。▼ **空间秩序的再定义** | 以一条有如莫比乌斯环般的"舞带"诠释空间的区隔，通过"舞带"的介入，模糊了空间的方向性及独立性，给予空间新的秩序及方向感。

Typical house

DANCEin'House

04

自相似性 Self-similarity

**一粒细沙，
终究相似大千世界**

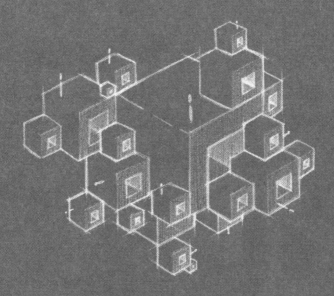

■ 概述

　　非线性建筑的自相似性格借镜于数学和仿生科学，都是在自然界和生物界中找寻和效仿潜在的构成规则、生长逻辑、功能组织等，进而反映在建筑的生成机制、结构构成和有机形态。而自相似即拥有一种近似的不精确性及无穷特性，同时也具有去中心化、等级消融、去层级化的单元特质。当由下而上、由小而大地聚合时，会强调局部和整体的紧密网络关联，也即当空间有自相似的层次结构时，是指局部与整体在时空、形态、功能、信息、行为等方面具有统计意义的相似性。简言之，就是一种逼近描述自然世界的有效观念和手法，也是最有效率的结构模型。

以一个我，衍生出千千万万个我

　　分形（Fractal）理论是现代非线性科学最重要的前沿之一，自相似性（Self-similarity）则是分形理论的基础原则，不同于线性的纯粹几何学，而是用以描述自我生成的几何学，反映在当代非线性建筑发展的脉络，通常运用在描述和建构空间生成的机制（mechanism）。"迭代生成"就是其发展出的概念，多元复杂的空间可以经过基本的单元，在某种程度的模块（module）基础下，有限地、反复地生成，并根据功能的需求进行共构或组合，进而构成看似繁复的建筑形态。其实其分形成长的规则相对单纯，就像树木为了进行最有效的光合作用，通过将树枝细分配合生成树叶来进行最大面积的利用，因而分形也成为自然界中最有效率的结构模型。

　　自相似性的基本特征是：将一个几何形状分成数个局部，而每一个局部都相似于整体的形态。提出自相似原则的美籍数学家本华·曼德博（Benot B. Mandelbrot）以海岸线为例，指出海岸线这条曲线的特征是极不规则的，无法从结构与形状上判断各部分海岸线之间有何差异，也无法判断部分与整体海岸线的不同，反过来即证明了海岸线的部分与部分之间、部分与整体之间均具有相似特质，此即海岸线的自相似性。而自然界中各种规则复杂、难以用传统欧几里得几何语言来表达的有机形态如指纹、雪花、云朵、天际线、宇宙结构等，均可用自相似性的观点予以描述。

　　自相似性原则应用于在建筑设计领域，启发了建筑师从"部分的建筑"出发，实现了非线性建筑可能发展的路线之一。以建筑具体实践方式而言，通常反映在"迭代生成"的运用，大致可以归纳为"模块化"（modulate）、"非均质模块化"（non-linear modulate）与"优化"（optimize）三个层面来谈："模块化"是通过相同的组构性单元的操作与组合，来达到部分构造与整体结构相似的最直接与最经济方式，如藤本壮介（Sou Fujimoto）2013年设计的英国蛇形艺廊。"非均质模块化"则是通过计算机辅助设计（CAD/CAM）与参数式设计方法（parametric design process）的优势，置入可变因素或参数，打造出在某种程度下具有可变性、包容性、可调性、弹性的模块元素（如接头、构造等），如来自法国的设计团队 Bonsoir Paris 所设计的原子万向接头，使空间形态构成得以更接近自相似性原则的本质。而"优化"

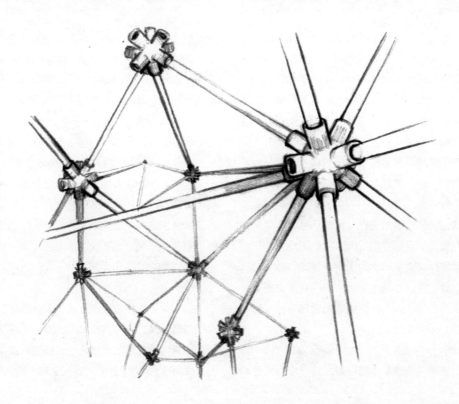

◤ **原子万向接头｜2013 米兰｜建筑团队：Bonsoir Paris｜**一枚小小的接头（joint），通过精密的计算后，便可产生各种可变性、包容性、可调性与弹性，进而提供了无穷延伸的结构发展可能性。
◤◤ **Nordpark Cable Railway｜2007 奥地利｜建筑师：扎哈·哈迪德｜**这座形体充满流动感的车站建筑，乃通过计算机运算，优化设计出最少量的模块或构件，借此节省建筑成本并达到最佳效果。

则是通过数字的手段处理复杂形体的线性过程，通过计算机运算，以最少量的模块或构件来达到最佳的结果，借此节省建筑成本，如扎哈·

哈迪德在奥地利设计的火车站，是一种在线性科技的辅助下以最有效率的方式追求非线性建筑实践的重要手段。

介于自然与人为之间，创造天际线般的建筑景观

当代许多建筑师虽未明言"自相似性"的设计概念，但都已运用此原则追求非线性形态的实践，且陈述建筑设计理念时，大多略过"自相似""分形"这一类较专业的数学名词，而倾向采取一种抽象的、譬喻的诗意表态，例如藤本壮介所谓"部分与部分的建筑""从部分出发的建筑"，又像是平田晃久（Akihisa Hirata）所谓"发酵""纠缠""皱褶"的概念，这些说法倒是更直截了当地指向自相似性特征

的本质：以人为力量追求自然生成的建筑。

由日本建筑师藤本壮介执行的英国蛇形艺廊（Serpentine Gallery）第 13 届夏日展馆（Summer Pavilion），以计算机的模拟计算创造出由 2 厘米极细钢柱所组构的具有自相似性特质的网架结构，以单元钢管为模块，由内而外、由小而大向外复制延伸，通过模块化的单元构件堆叠衍生为整体的非几何形体建筑，

◄▼ **澳底大地建筑国际计画**｜**2007 设计 台湾**｜建筑师：平田晃久｜通过同一谱系的构成原则与手法来设计住宅，创造出如同珊瑚礁般的皱褶空间，不但模糊了室内与室外的界线，更创造了许多存在于皱褶夹缝中的空间，同时也拥有拓扑空间内外连续翻转的形态特质。▶ **蛇形艺廊临时展馆**｜**2013 伦敦**｜建筑师：藤本壮介｜此展馆以格状结构层叠交错而成，采用400mm×400mm 和 800mm×800mm 的钢柱正方体构件，在工厂预铸打造 55 个单元，再用大型卡车运载至肯辛顿花园于现场组合，是标准的模块化兴建过程。

图片提供 © Serpentine Gallery   设计 © 藤本壮介   摄影 © 2013 Iwan Baan

并借由此种组构的机制形成连接的媒介，展现
"扩散""延伸""连接""去中心"等特质。
在这件作品中，建筑的部分决定了整体的形
态，而藤本壮介自己也曾经说过，建筑的部分
与部分、部分与整体之间都存在着反馈机制，
不论是在操作手法还是在价值观念上亦都十分
符合自相似性的特征。

　　另一位日本建筑师平田晃久曾以"发酵"

一词，形容人造建筑乃至都市景观的成形，无
异于自然界有机物质变化生成的过程，并且提
到真正的直线只存在于理想的状态，世界上并
不存在真正的直线，即便是平滑的天际线，将
视角拉近微缩后也将发现无数的曲折与破碎，
就像是由高楼大厦所组成的都市天际线，真正
的天际线也具有如此曲折破碎的特质。

■ 案例 01

都市大棚架
自主演绎的城市大屋顶

设计｜竹工凡木设计研究室
时间｜2016 年设计中
地点｜成都

▼**以户外棚架作为视觉主轴**｜为了回应成都人喜欢在半户外活动的地域特质，设计上以"大棚架"为设计构思概念，大屋顶则成为我们创造都市地标尺度的视觉意象核心主轴。

成都华侨凤凰集团
城市生活馆

本案坐落于四川成都，基地面积约 15000 平方米，为一复合功能的地标公共建筑。设计初衷我们意图回应成都古城的历史印记，再延伸连接至都市生活的新体验，进而将建筑提升成为一个都市的叙事（scenario）载体、一个容纳市民活动的都市容器。

▼**象征含纳包容的大棚架** | 我们尝试建构出一座结合生活、景观、叙事的都市大棚架（pavilion），进而有效导入艺术、创意、生活、行动、品牌等事件。

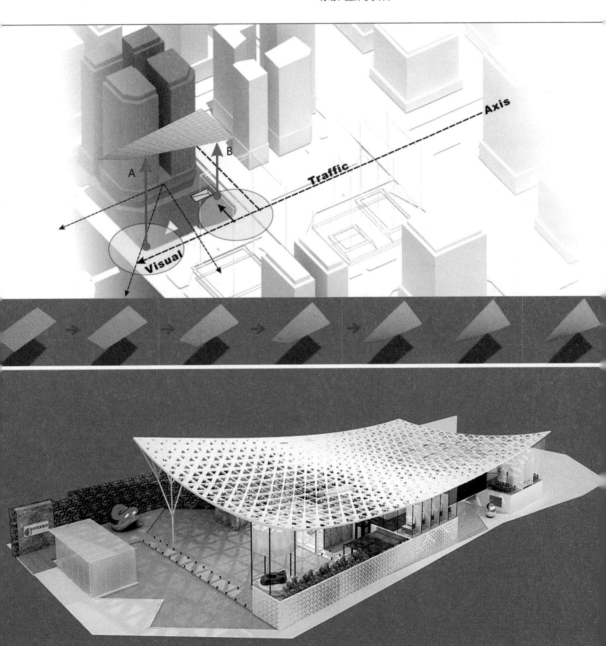

▼ **留出与民众互动的小角落** | 除既有功能外，通过大屋顶下不同尺度形体的堆叠错落，创造大量的都市角落，增加与市民间互动的机会，展现古都新生的创新思维与亲和力。

都市的角落，在轻盈优美的飞檐下

为了连接古今交融的视觉联想，我们撷取中国建筑出檐上扬的优美弧线，结合现代非线性的参数美学，建构成当代寓意浓厚的都市大棚架（urban pavilion）。在美学表达上，以轻量化的笔触轻巧地勾勒出立面的张力与序列的表现力，薄似蝉翼的纯白大棚架像是一座轻盈悬浮于建筑物顶端的滑翔翼，三角镂空孔洞有如林荫枝叶交错的间隙，将成都的温暖阳光筛入棚架之下，拉近自然环境、建筑以及人之间的关系，同时三角形开洞的逻辑也回应了下方的空间属性。通过这"大屋顶"的介质，让建筑与室内、公共与私密，重启连接与对话。也希望借此改变民众对于公共建筑的刻板印象，通过渐变镂空的大屋顶将都市活动和建筑行为交织在一起，编织出和谐而多元的生活美学。

参数演算，化二维为三维世界

为追求最佳构筑和美学的可能，我们通过参数式计算机演算的方式（parametric generative process），给予空间数个结构及空间考量下的相对坐标，产生渐变的纹理，并产生 870 个"非均质模块化"（non-linear modulate）的三角洞，但因预算和工程复杂度的考量，再将这些三角形为原型进行"优化"（optimize）演算，收敛至 8 个模块后再渐次将二维的三角形错落散布构成大型棚架，藉以回应光、空间与活动的相对应关系，架构三维世界的无限框景。同时，建筑信息模型（Building Information Modeling，简称 BIM）的平台架构实施，也有效提升了前段设计与后段施工的效率与精准度。

▲▶ 超越二维平面的跃动感 | 为了让建筑摆脱冰冷生硬的刻板印象，造型上利用两条抛物线来创造力求超越二维几何的限制，尽可能地以非线性的线条衍生表达轻盈飞翔的意境，采取跨横面、深纵度的演绎方式，并且开洞的大小也暗示了空间配置的安排。

▼ 优化模组，降低施工难度 | 原有 870 个非均质模块化的三角单元经"优化"的程序后，收敛为 8 个模块，并制造了 1∶1 的单元（mockup）进行测试，期望有效降低预算与施工复杂度。

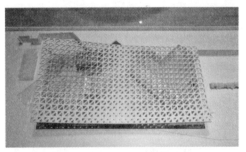

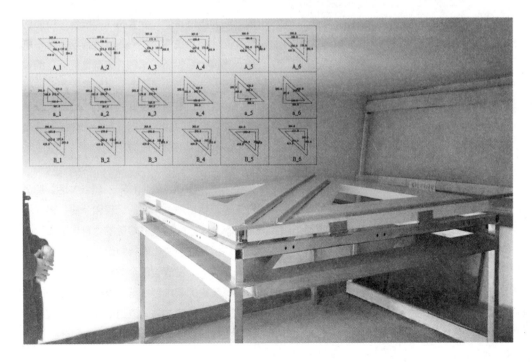

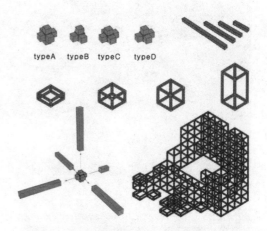

■ 案例 02

回归基础
自主堆叠的无限可能

设计｜竹工凡木设计研究室
时间｜2014 年完成
地点｜深圳

▲ **一定程度限制下的自由**｜我们设定了 4 个尺度的模块和 4 种方向的接头，让使用者能依特定目的架构属于自己的空间，且随时能依不同的状况继续延展或缩减。▶ **如俄罗斯方块般自由拼组**｜整体的展场就像是一个俄罗斯方块的游戏盒子，让人们尽情驰骋创作，排列组构出独一无二的展区。

第十届深圳国际文博会
中心书城分会场

　　我向来主张"当代设计没有原创"。真正的创意，必须要回归事物的本质与基础，着眼于"时代性"，当下的时空才是创意思维真正的载体。

　　2014 年，我接受第十届中国（深圳）国际文化博览会的邀请委托，执行深圳中心书城分会场的展场设计。当届展览的主题是"智造未来·雅致生活——创意引领未来，设计改变生活"，分别通过主题演绎、创意空间、智慧家居、创意材料等展区进行演绎和诠释。我认为此主题很精准地点出了当代文化产业的两大趋势：智慧科技与美感雅趣，成为我构思展场设计的思考主线。

关键字之一：模块

　　比起线性的科学理智活动，艺术文化的创造过程相对属于感性的思考发展，充满不可预测的非线性特质。而要将"非线性"特质的艺术文化与"线性"逻辑的理性科学两者串联在一起，势必要通过某种"关联性框架"的设计手段，才能形成可生产、可制造的产业化特质，而这也正是当代设计趋势以"局部关联整体"的"自相似性"来描述复杂形体或多元事件（event）所带来的美学启示。

　　因此，呼应"智造未来·雅致生活"的策展主题，我们通过大量的访查和计算，将展场中所有个别空间转换成等量的"方块形体"，再发展出几种模块化的特制纸管与具弹性变换的单元节点，发放给每个单元的使用者，让他们依照自身的需求进行自我组构，而每个小展区又必需遵照某些共同原则来共同构成整个展场，使得部分与部分之间、部分与整体之间均

具有某种特定关联，将"自相似"的特质通过"模块"的方式来实现。

关键字之二：自由

以模块化单元为基础，这一设计想要传达的另一项意图是"自由"。由于空间中的所有的元素包括墙、板、桌、椅、台、柜全都被解构为单元方块，因此每个小展区的团队必须视个别需求和期望状态，运用模块单元的元件在现场组装出属于自己的展示空间。在虚实转换、内外暧昧、高低错落、自由流通之间，最是符合当代思潮中对于自由多元的价值向往。

关键字之三：基础

无独有偶，当代的设计创作必须回归"基

▲ **展现自相似的特性** ｜ 借由展场的空间设计来传达和回应"自相似"的当代设计价值，造成部分与部分之间、部分与整体之间的巧妙关联，以模块概念实现自相似的特质。

础"思考，无论是自我意志的彰显，抑或是对于根源的反思，这想法亦非仅是我的一家之言。同年稍晚于本展览登场的第十四届威尼斯建筑双年展，由 Rem Koolhaas 主导策展，其策展主题便是"基本原理（fundamentals）"，无疑揭示了当代建筑在百花齐放的多元表述之后，终归必须回到最基础的本质思考，也点出了"基础"和"发展"的当代关联思考。

05

模糊性 Ambiguousness

以灰色地带
创造暧昧空间经验

关键词

非二元论 Non-Dualism

之间 In-Between

中介 Buffer

过渡空间 Transitional Space

交叠重叠 Overlap

暧昧性 Ambiguous

渐弱 Fading

包容 Tolerance

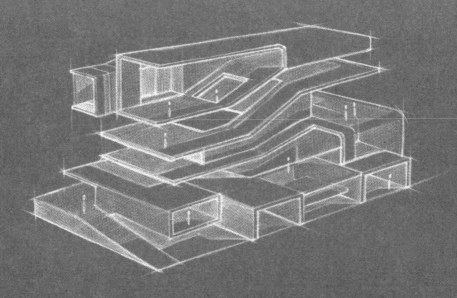

■ 概述

模糊性是非线性建筑非常诗意的特质，承载了当代包容多元的时代性格，基本上可以分为三个层次。第一是表现在形态上，是对于现代主义方盒子系统的解构与反动，试图柔化空间元素（如天地壁）的绝对性。第二个层次着眼于空间介面与边界的再诠释。最后则反映于内在空间组织及属性的渗透与再定义，如内外的交融连接、公私的交替对话、空间构成关系的再组织等。借此特质来容纳或诱发更多可能性的连接与事件（event）。

融解内外边界，创造虚实相交

模糊性本质上是一种思考空间对话的方式。通过解构建筑的元素、介面或边界，重新诠释再定义，借此创造某种"介质"空间——可以说是一种过渡空间（buffer space）、灰色区块或中介空间等，允许包容和诱导更多潜在的事件和行为。

暧昧的介质空间其实古已有之，并不全然是当代才发展出来的设计观点；然而当代建筑追求模糊内外边界的渴望与企图，与20世纪现代主义所强调的明确、绝对、清晰的思考基础相比，即引导出极强烈的当代性格。现代主义时期的"盒子"，是在多米诺系统的基础下，由强调垂直水平的梁柱系统所架构出的原型，重视以墙体明确界定出清晰的空间逻辑关系，其设计的核心思维是着眼在对于"对象"（object）的操作；而当今建筑界则把注意力放在"边界"与"介面"，探讨的重点转移到

对于"关系"（relationship）的思考与再诠释，尤其是反映在过去由天地壁元素组构成的绝对形态，通过虚实手法融解内外的关联、公众与私密的领域感、空间组织的绝对结构，软化、柔化那一条"绝对"的边界"线"，而植入一个具有领域感的"介质"，破除人们对于既有空间的预设想法，给予一种全新的空间经验，隐约地回应了东方传统美学"不识庐山真面目，只缘身在此山中"的超然意境，无非也是对于非线性空间特质的追求与探讨。

名词小帮手 | **对象（object）V.S. 关系（relationship）**
当"关系"的思考优先于"对象"的思考时，好比设计一扇窗，"窗户"所要扮演的空间角色就不一定只能用"窗户"的既成对象来诠释，而可以替换成各种可能的"介质"，也因各种承载的可能，造就出当代空间的暧昧特质。

以"面向对象"思考而言，会更在意窗户对于物理环境的承受力如采光、通风、隔声、防水等，再者会考量窗户本身的形式、比例、材质等，更关注于"物性"；然而若以"关系的诠释"为主，则会看重这扇窗户在整体空间中如何定位和对话，比如室内外的人如何透过窗来看与被看，或是在兼具私密性的前提下提升人们互动的可能。

▼**模糊建筑**｜**2002 瑞士博览会展示馆**｜建筑师 : 迪勒 + 史克菲
迪欧｜将现场就地取材的湖水抽出后再加以过滤，并运用计算机
技术收集即时的气候数据资料，侦测出当下温湿度、风速和风向
的改变，经过回馈计算后创造出一个新的微气候来回应当时的气
候状态 。

在模糊暧昧中拓发新空间的可能性

对于事件性格强烈的当代建筑而言，模
糊性为建筑带来丰富的可能性，是非常重要
的特质，而模糊性格所引发的暧昧性、不确
定性、包容性、辩证性与诗意感，均呼应了
非线性空间的核心精神与价值。如长期关注
探索空间可能性的迪勒 + 史克菲迪欧（Diller
+ Scofidio），特别专注于建筑的各种介面
（interface），通过"介质空间"的介入，
再诠释人与环境的对话。比如坐落于夏特湖
（Lake Neuchatel）畔的"模糊建筑"（Blur

Building），建筑的表皮运用了最原始及地域性
的材料，乃是将就地取材的湖水，通过 30200
个高压喷嘴喷出一片细致的薄雾包覆了整栋建
筑，一种缤纷的超写实空间感，重新定义了室
内外的交融，也瓦解了建筑那层绝对的表皮。

而日本建筑师藤本壮介 2013 年来台举办
演讲时，则以"之间（in-between）"为关键
词阐述其作品中那种边界与内外暧昧不明的特
质。"之间"这一概念最迷人之处，在于那暖

▼**House NA** ｜ **2010 东京** ｜建筑师：藤本壮介 ｜以玻璃轻架构挑战穿透视野的建筑表皮，模糊室内外那绝对的界线。同时利用堆叠错落的手法，消除建筑"层"的概念，通过"错落"所产生的各种尺度定义各种可能的行为。

昧不明的介质空间争取新的契机，在既有的空间经验中开拓新的想象与体验，甚至改变人们在空间中的习惯。例如 House NA 住宅实践他所倡导的"没有楼板，没有住址，没有楼梯（No floor, No pillar, No stairs）"，与迪勒＋史克菲迪欧设计的哥伦比亚大学医疗中心大楼有异曲同工之妙，难以辨认出基本的建筑元素如楼板、梁、柱、阶梯、隔间墙等，利用错位的手法消解壁垒分明的分界观念，也产生多功能（multi-program）的弹性利用，从建筑尺度融解到室内尺度，从工作的尺度渗透到生活的尺度，"层"的分界不再是必然。

　　模糊性同时也是常会给当代建筑师带来挑战的一种空间实验，像是藤本壮介为千叶县饭给火车站打造的公共女厕，把这间 1 平方米左右的厕所墙体表皮拔掉，让厕所领域延伸渗透到 50 平方米左右的公园。厕所看似"没有墙"，但实际上整个公园的外墙就是这间厕所的墙

面，极大程度上挑战了人们对于"墙"的思考及对于"私密感"与"公共性"的定义。这样充满实验性的空间创作，也充满当代非线性空间的特质，并且带来更丰富的辩证性与可能性。

◤◤ **饭给火车站公厕｜2012 千叶｜建筑师：藤本壮介｜**看似透明毫无遮蔽的厕所伫立于空无一人的小公园中央，实际上公园的围篱才是这间厕所真正的"墙"，但人们仍会在此空间中感到无遮蔽的不安感。玻璃的界面仍让人有"穿透""一览无遗""被窥视"的感觉，挑战了公共与私密、内与外的定义。 ◤ **哥伦比亚大学医疗中心大楼｜兴建中 纽约｜建筑师：迪勒＋史克菲迪欧｜**这栋医疗中心大楼持续向上翻转攀延的楼板，创造出了许多社交及公共的场所，让各个方面的学生们进行更多互动，强化社会归属感。而这时进时出的内外交织关系，更破除了高层建筑层层堆叠的传统意象，也将成为曼哈顿天际线上的新地标。

■ 案例 01

渗入透出的
微型聚落

设计｜竹工凡木设计研究室
时间｜2016 年完工
地点｜新竹

┃ 大崎山庄

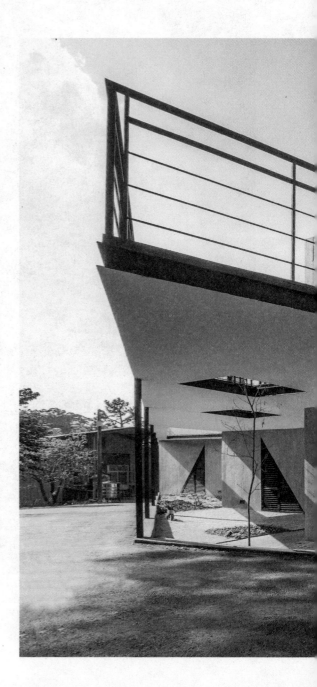

　　在地狭人稠的当代都市，城市规划者与建筑师几乎时时刻刻都在思索着：如何争取更多的居住空间？这个课题在 20 世纪现代主义提出以多米诺系统为基础的钢筋混凝土高层建筑后似乎得到了暂时的缓解，而我们的城市也随之变成均质国际样式（International Style）下的水泥丛林，就在容积率、建筑密度的精打细算中，大型高密度集合式的住宅楼群应运而生，成为绝大多数已开发都市的典型地景。而人们的生活与思维，似乎也被迫缩身于与邻人划清界限的小框框里。

　　偶尔人们会奢侈地想念起，过去农村里开阔宽敞的合院空间，晒着稻谷菜干的大院里，孩子们在阳光下嬉戏笑闹，大人闲坐一旁乘凉聊天，泡茶下棋。

　　这番景象，难道真的只能是过去式了吗？

▼ **渗入透出的缝隙**｜通过 8 个盒子的错落，创造了许多的"缝隙"，尺度大一点的成为社区的小巷弄，成为人们来往交流的场所，尺度小一点的则成为观景停留的个人小角落，再更小一些的缝隙，则常会不经意感受到光和风的流动。通过这些"缝隙"的延展，让小区和外部环境有了最频繁的联系，也模糊了内外公私那绝对的分水岭。

▼**过往的历史轴线** | 我们在社区的主立面设计了一个入口，入口则连接了微型社区最主要的"巷弄"。因为这里曾是过往历史的轴线，旧合院所遗留下的并不多，我们只能以隐喻的轴线和红砖的铺填来回应暗示过去的痕迹。

游移的缝隙，共享经济的生活理念

本案是个微型聚落的计划，我们思索现代社区经营理念与传统合院聚落精神融合的可能性。现代集合式社区的特色是一个萝卜一个坑，户与户之间形成泾渭分明的楚河汉界。然而在划分界线的同时，也割裂了人与人之间的联系交流，且人们也浪费了不少精力来建立"界线"，在这整体大环境的氛围及交叉脉络中，真正合院精神的建筑简直是难以实现的奢侈要求。

于是，我们翻转了集合式住宅社区当中"界线"的思维，以错落的手法规划出一个近似"米"字的生活场所，取代"井"字的隔离观望，而错落间所产生的不同尺度的"缝隙"，将有效地让人、动植物、风、味道从身旁的山间渗透流动进来，创造出与环境连接的半户外公共空间。再者，这社区有个潜规则，每户人家除了拥有自己独立的门前小院外，每两户单元间还都共用着一个可供栽种的院子，两户人家需商讨后共同经营这个半户外空间；同时，

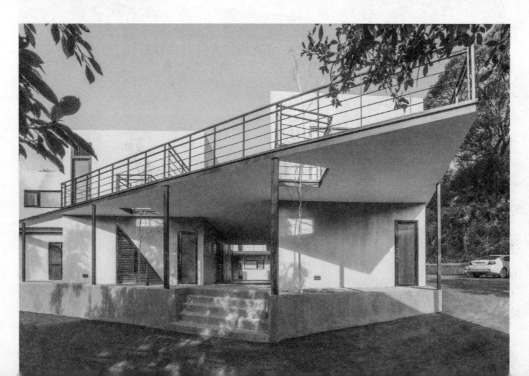

▲ **轻薄的大平台（platform）** | 二层的楼板之所以能以最少的落柱来支撑，是因为主要的结构力已由 8 栋建筑体共构而成的结构系统所承载。同时，再通过置入多座天桥相互连接，期望创造出轻薄楼板的意象，像悬在空中般轻质而优雅。▶ **错落间的缝隙** | 错落间所产生不同尺度的"缝隙"，让自然山间的气息渗透进入居住的场所，创造与环境融合共生的微型社区。

这里的住户有许多的外国籍朋友，不特定的聚会散布在整个社区的角落，成为习以为常的事件风景；此外，我们让建物间的缝隙也游移至二楼，有如天桥般串联各单元及身旁的地景，成为人们交流互动的绝佳场所。在这里我们想消除公私领域的绝对壁垒，并通过设计的手法植入一个以共享经济（sharing economy）为基础的社区生活理念。

代谢的永恒，实现恒久持续的幸福感

另值得一提的是，本案因为预算及维护的考量，发展出一套外挂式（plug-in）的混凝土墙系统，所有混凝土所需要的砾料都由现场直接获取，并运至工厂预浇成经过精确计算后的混凝土墙块（pre-stress concrete），最后再挂至现场的钢结构，大幅减少工程时间与人力成本。同时这种工法也创造出材料具有可替换性的机会，未来任何外墙损伤或因功能需求而调整，都能实现局部更换，赋予生命周期 35 ～ 50 年的混凝土材料拥有永续代谢的可能，让这座微型聚落能真正永续经营。

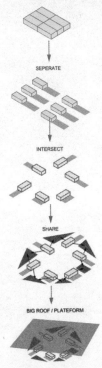

▲ 四通八达的"巷中巷" | 通过块体错置的手法，创造社区内充满各种不同尺度和外在环境四通八达的"巷弄"，光、风与自然绿意的引进，让半户外的巷弄空间成为社区居民最常逗留交流的场所。▲▲ 瓦解壁垒的设计策略 | 首先我们碎化块体，再通过交错的手法创造模糊性和连接感，最后置入轻质的大平台，创造出一个可恣意游走的立体开放生活场所。

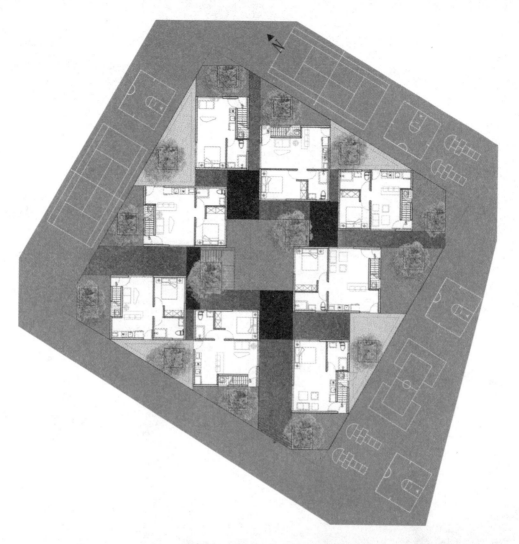

▲ **米字架构的生活场所** | 本案我们试图解构传统集合式住宅社区的"界线"，以错落手法规划出一个近似"米"字的生活场所，取代"井"字的隔离观望，意在消除公私领域的绝对壁垒，植入共享经济（sharing economy）的生活理念，借此创造更丰富多元的生活情境。

▶ **外挂式（plug-in）混凝土墙系统** | 为了增进施工效益和节省建造成本，本案研发了预浇外挂式混凝土墙系统，同时也具有可局部更换的优势，以便于维修保养，更使永续建筑向前迈进一大步。

篁之屏

设计　竹工凡木设计研究室
时间　2013 年完工
地点　桃园

复兴航空第一航厦贵宾室

屏风与幕帘，是极具东方味的暧昧家饰道具。顾名思义，其设计的本意并非创造铜墙铁壁的坚实保护，而是提供一种阻隔，让人无法一眼望穿，在维持必要的隐私基础外，同时也暗藏着所遮蔽区域丰富的遐思空间。过去的皇室贵族为了维持形象的高洁，不轻易以真面目示人，经常以一屏之隔维护隐私或者是男女之防，最显著的例子就是慈禧太后垂帘听政，既要隔离身份，同时又要摆明幕后的力量，其模糊性相当值得玩味。

若隐若现，
创造暧昧质感

而在现代，"隐私"仍然是公众与私领域相当重视的设计考量，但又与盥洗空间的属性截然不同，因此"屏风"所带来不同层次的模糊介面思考，仍然是极具当代性的有效策略。

在复兴航空（TransAsia Airways）的邀请下，竹工凡木团队与龚书章教授合作，这次所设计的是复兴航空位于桃园国际机场一航厦的贵宾室，希望能打造出让贵宾在出行前后可以好好休息的场所。在机场航厦这样一个人来人往的公共建筑里，贵宾室的存在正是一种介于公众与私人之间的小众场所，重点在于提供给贵宾一处不受干扰的自在场所。本案位置特殊，是在 2 米宽长廊的一侧，若是采用完全实体的隔间墙与外界截然阻隔，反而会让空间感显得过于封闭与压迫，也无法彰显大气的气度。

◀ **钢柔并济的钢铁竹林** | "篁之屏"的材质，因为尺度和效果的特殊需求，特地缩小内径，加厚了金属圆管，在刚柔并济的美感与力道中，创造古典东方与当代科技的诠释共融。

◀ **动与静之间** | 地板的飘板与天花的降板构成"专食区"，其后方由实木条所构成的立面与天花飞翔渐变的语汇，借此回应主立面的"篁之屏"概念。▼ **无法一眼看尽的隐约朦胧** | 为了让人无法一眼看透，却又能对瞥见隐约的光影之美，圆柱列的排列角度与密度都经过精密的计算与反复的试验，因而制作了等比例的模型（mockup）来尝试各种可能的穿透和隐蔽。

钢铁竹林，
古典东方与当代科技的交汇

　　因此，设计团队置入了一道"暧昧介质"，有如中国水墨画里常见的竹林场景，亦即古典诗歌所谓"独坐幽篁里"的"篁"之意象，将贵宾室对外的墙体解构成为由 4 层错落管柱所

共构成的界面，仿佛是在航厦长廊里展开的一扇大屏风，借由管柱的排列角度与密度计算，让游客从外无法一眼看透内部空间，但在行走过程的几个特定角度却又能隐约透见其中人影穿梭流动的朦胧美，在保有私密性的基础上创造了暧昧质感。

▲ **流动天花回应飞翔意象** ｜ 渐变（morphing）天花板所创造出的流动韵律感，让空间自然涌现典雅富丽的生动气韵，也回应了飞翔展望的企业本质。◀ **温润色温流露低奢气质** ｜ 空间内以暖黄的色温结合具有金箔色感的建材，呼应金属屏风的美感并营造一种典雅的高贵气质。

■ 案例 03

一扇窗，漫一室

设计｜竹工凡木设计研究室
时间｜2013 年完工
地点｜台北

忠诚 S 宅

　　随着媒体信息的广泛传播，现代大众对于室内设计与格局配置的知识越来越普及，当看到一张平面格局的配置图时，多数人都能清晰辨认出客厅、餐厅、厨房、房间、卫浴等的格局与空间物品，而这千篇一律的格局，除了与传统中式建筑厅堂分明的观念有关外，同时也是受到西方现代主义标准化的住宅样式影响所致。

　　然而，住宅可不可以是"不标准"的呢？

　　所谓的"标准化"，其实是一种对象导向（object-oriented）的思维方式，也就是将空间内的天、地、壁、门、窗等空间元素皆视为单一的绝对关系。然而，经过后现代主义的解放、解构主义的洗礼，乃至当代非线性思潮的植入，对于室内空间格局与空间元素的定义与想象必将有更多元的可能性。

▼ **大窗引入时光推移的诗意** | 采光不再只是窗唯一的追求，隐藏
在其背后的景，暗示了房子得天独厚的绿意，更连接了迁移的时
间与光线，赋予空间独特的生命诗意。

▼ **半透明帘幕创造迷人朦胧** | 树影透过帘幕形成动态的剪影，明亮饱满的光如水波般漫入空间，予人一种迷离朦胧的美感。

一亮窗，当门亦当墙

我很喜欢这间房子的采光，又紧临绿意盎然的公园，让我兴起"以窗作为空间主角"的想法。大窗，如同镜子般反映出内外的心情，如同心的本质不会轻易改变，采光也不再只是唯一的追求，而是隐藏在其背后的景，暗示了房子得天独厚的绿意，也连接了迁移的时间与光线，让白昼的天光随着季节迁动与四时推移的流动，在空间中留下虚实的痕迹。光影与树影的共舞，让空间拥有不同层次的表情，而当夜晚悄悄来临，一切又回归于纯粹的平静。

我尝试改变传统固定门与墙作为室内隔断的做法，而以"关联"来思考室内格局的可能。因而在空间的策略上，我以最少的墙体为原则，搭配弹性的界面，让空间彼此会随着需求与时间而连接与分离，创造出一种游移渐变的空间经验。再者，所有靠壁的墙面和仅剩的固定隔断墙均整合了收纳的功能，让空间拥有最少的隔断阻隔，让大窗外的所有尽可能地漫进空间中，一扇又一扇，一进又一进，转折光、影与景的无限惊喜。

▲ **收纳靠墙站，收整立面线条**｜将收纳的功能尽可能整合于靠壁的墙面和仅剩的固定隔断墙，让空间拥有最少的阻隔与最简单的表情。◀ **复合功能强化使用效益**｜空间中所有元素均尽可能朝向多元化的复合功能，如卫浴这道长向平台兼具化妆台、泡澡置物与洗手台等使用效益。

▲ 可动式界面让空间相互串流 ｜整个空间置入许多的可动式界面，如拉门、折门、半穿透的帘等，回应使用者的多元需求，让空间拥有最大变化和流动的可能性。**◤ 虚实建构入口意象** ｜通过一个漂浮的水泥块体和灰镜的反射，共构出一个超写实的入口意境。同时，水泥盒子在扮演"照壁"的角色，让进来的人拐个弯再进入室内，多了一层缓冲的空间。**◤ 灵活隔断生成自由平面** ｜空间中几乎没有太多实体隔断墙，而各空间的相互流通与连接也将生活的重心解散到整个住家空间，可以视之为三房两厅的住宅形态，却也可转换为毫无隔断的大厅房。

一明室，有房亦有厅

　　除了以"大窗"留住光影虚实的痕迹，让空间拥有不同层次的表情之外，开放式的平面及可弹性使用的多层介面也是这次设计的重点。由于住宅主人不喜欢被传统所束缚，所以在空间的使用维度上，我导入了分界模糊却更具包容性的非线性开放平面——一个去中心化的住宅想象。因而，在空间中几乎没有太多实体隔断墙的情况下，再搭配多层介面的交叠使用，空间流动、声音穿越与视线交集造就了不同层次的活动可能性，每个空间都将成为生活的中心。而空间承载活动的可能性虽多元而丰富，但我所期望营造的生活质感却是低调的，这里无须刻意的装饰及华丽的材料，而只须等待着丰富生活事件的注入，就足以成就一个我理想中诗意的住宅空间氛围。

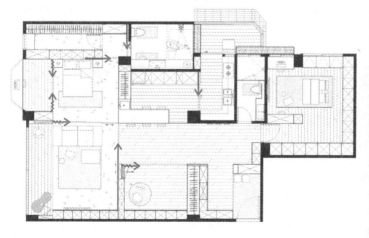

06

轻透性 Transparency

**由"重"转"轻"的叛逆力量，
轻透的极限美学**

关键词

去物质化 Immaterialization

渗透 Permeate

流动 Fluid

飘浮 Floating

柔软的 Soft

构筑术 Tectonics

■ 概述

　　所谓非线性建筑的轻透性格，回应了建筑长久以来"弃重求轻"的宿命。主要进程是架构在建筑对于科学技术依赖的基础上，而所谓当代的科学技术就是指设计工具（design media）、建造技术及数字科技；实质上反映在结构的精密运算与新复合材料和工艺的出现，使建筑师更有能力追求极限的轻盈美学，有效运用当代的科技力、新材料、构筑法（tectonic）及结构行为来强调"轻质"与"透质"的物理属性，进而影响空间之间渗入透出的关系，创造各种多元的非线性轻质建筑。

转向"结构即表皮，表皮即结构"的崭新形态

　　建筑的发展与当下材料的极限和建造技术有绝对的关联。回看人类文明，过去的埃及和玛雅等古文明的建筑，无论是锥形还是三角形，在结构系统的处理上均受地心引力限制，只能依据"下大上小"的物理原则，顺着力传递的路径来决定结构壁体的开口大小和位置，甚至大多无法开口，形成厚重而暗沉的空间特质。到了希腊罗马时期的建筑，因结构上还是以承重墙（load-bearing walls）系统为基础，越在下方所承受的重量就越大，而受力越大，立面的开窗也只能跟着缩减，仍然限制了在立面上和造型上的变化，因而转向装饰性追求，发展过渡后成了巴洛克风格（Barocco Style）。而近代工业革命挟带着钢筋混凝土等相关的新技术与新材料，建筑转向追求材料的纯粹特质，造就了简约、去脉络化的美学价值。迈入当代，在设计工具、建造技术及数字科技的突飞猛进下，建筑终能追求更极限的美学——轻透性。

　　无可讳言，当代非线性建筑之所以强调"轻质"与"透性"的物理属性，乃源自对于过去建筑厚重感与绝对性的反动。这股由"重"转"轻"的叛逆力量，其实在近代建筑史上有迹可寻：1851 年第一届世界博览会上，由建筑师约瑟夫·帕克斯顿（Joseph Paxton）设计，以钢铁和玻璃为主要材料所构筑成的水晶宫（Crystal Palace），还有 1929 年由秉持着"少即是多"（Less is More）美学价值的现代主义大师密斯·凡德罗（Mies der van Rohe）所设计的经典玻璃屋（Farnsworth House），更是摆脱过往混凝土建筑厚重感的关键里程碑。

然而随着结构力学和材料的日新月异，加上当代数字科技提供的运算分析能力，让当今的建筑师们能够创造几乎去物质化的零重力建筑表现，甚至逆向改变了建筑生成的思考逻辑与运算基础，人们不再认为天马行空的想象无法成为真正的建筑，而能有效地从数字运算和分析信息提供的结构数据里，结合新构法和新材料，创造不可思议的极限建筑。同时，除了追求视觉上流动、穿透的轻透表现外，更多方诠释空间与空间相互的渗透关系；此外，建筑师们也因而能够更有效地以先进的构筑方法为基础，不必像过往只是依赖材料本身的固着，

不必受限于以传统梁柱结构支撑外在表皮的"皮骨关系"，进而创造出"结构即表皮，表皮即结构"的建筑新形态。

总之，早期在缺乏科学技术辅助的前提下，"轻透性"像是一种批判性的口号，实验性与象征性的味道浓厚，就像前述的水晶宫和玻璃屋，虽具有建筑史上里程碑的意义，但还欠缺时代认同感及解决实际居住功能的绝对科技。然而，在当代数字性的助益下，轻透性不再只是一种反厚重建筑的叛逆声浪，反而进化为当代非线性建筑不可或缺的美学特质之一。

◤**冥想之森: 日本岐阜县市政殡仪馆** │ **2006 岐阜** │ 建筑师: 伊东丰雄 │ 有别于传统火葬场暗沉的意象和令人畏惧的高耸烟囱,由三维的曲面所构成的纯白宽敞的连续屋顶,看似一片净白柔软的云朵,虽为钢筋混凝土结构,但通过计算机精密计算,让屋顶既扁平又轻巧,对抗地心引力顺着山势缓缓地起伏跃动的轻盈感,与整片森林浑然结合成一体。◤**深圳 T3 机场** │ **2013 深圳** │ 建筑师: 马希米亚诺·福克萨斯 │ 为创造轻质的天花系统,使用了双层外墙(double-layer),第一层是挖孔的金属白色皮层,第二层是躲在其上方的复杂钢构桁架系统,错落的光影交叠加上反射的铺面让整个空间轻质而流动。而顶面连续性的屋顶,更经过精密的结构计算,让落柱的数量减到最低,并且所有的柱子也都披覆白色,通过下窄上宽的断面处理,让整体看上去更显瘦长,轻得像一段乐曲。

从"实验"的轻透迈向"实用"的轻质

"轻透性"是当代许多非线性建筑家不约而同的思考起点。比如伊东丰雄在高举"建筑是非线性的偶发事件"的旗帜之前，开其先锋的其实是对"透层建筑"与"轻盈结构的细部"（the detail of light structure）的探讨，而从风之塔、仙台媒体中心、英国蛇形艺廊、福冈 Island City、表参道 TOD's 、台中歌剧院等几件关键作品的脉络，更可证明伊东丰雄

对于轻质的、流动的、动态的、模糊的、交流性高的、非线性几何的追求与偏好。类似的思考也见于意大利建筑师马希米亚诺·福克萨斯（Massimiliano Fuksas），他认为城市是复杂多元而善于变化的交响乐，而建筑则该是轻巧如音符般跃动，方能激荡更多回应与交流，这番理念相当具体地展现在他所设计的深圳 T3 机场，借由轻质天花板与最少的落柱计算，让整体空间的天花形态轻得像是一张网子。

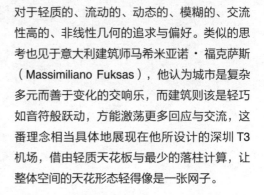

而轻透性既然是众所瞩目的理想，那么其当代意义便在于如何通过科技与技术资源追求极致的轻与极致的透。在这样的价值导向里，材料与结构的主从关系也被颠覆，建筑师不再是为了稳定结构而选择固着性高的材质，而是为了挑战材质的轻透极限而极尽可能创造新的结构方式，这一思考逻辑的逆转，也相当符合非线性的特质。例如日本新锐建筑师石上纯也（Junya Ishigami）为神奈川工科大学所打造的多功能工房，长达三年的设计与结构的来回精密计算及探讨，所创造出的 305 根细长的钢柱系统，就是为了求得最极致的轻质表现，结构的表现轻得像是被瓦解般。另外，英国建筑师卡罗·圣安布罗焦（Carlo Santambrogio）近来所设计的 Glass House，从建筑尺度的结

构框架到室内尺度的家具，几乎全都用玻璃来打造，双层中空玻璃的设计和通电玻璃的使用，让这透明的盒子完全能达到隐私及抗候的需求。整体的主结构经过严格的计算，采用6～7厘米的高强度钢化玻璃，彻底消除了室内外的阻隔，让建筑隐身自然，追求最细致的本质表现。然而，在概念上说穿了其实都是20世纪初约瑟夫·帕克斯顿与密斯·凡德罗就已探讨过的"轻透性"，但是凭借着当代强大的数字运算与材料技术，不论是就建筑规模、结构强度、轻透程度、实用还是居住隐私等各种实际考量上，石上纯也与卡罗·圣安布罗焦都已远远超越先哲，不再只是像密斯打造一间相较不宜人居的玻璃屋，让轻透性进化成为一种现实与理想相容的美学价值。

▲ **神奈川工科大学 KAIT 工房**｜**2008 日本**｜建筑师：石上纯也｜1990 平方米的空间四面以 10mm 厚的玻璃包覆，结构由 305 根细长钢柱支撑，最薄的拉力构件剖面尺寸仅 16mm×145mm，最厚的压力构件亦才 63mm×90mm。而看似不规则的散漫落柱配置，其实背后是经过严谨设计及结构探讨，制作上千个模型，经过整整三年所推敲出来的最佳配置和结构。◀

极度纤细感的家具｜连空间中的家具也追求轻质的极限，通过经精密计算的薄铁板所构成的家具，追求边缘的极度纤细感，刚中带柔地回应了空间中 305 根细长钢柱的屹立不动。

■ 案例 01

举重若轻，
柔弱玻璃撑起一片天

设计 ｜ 竹工凡木设计研究室
时间 ｜ 2014 年完工
地点 ｜ 成都

成都中国华商集团愿景馆
（建筑）

　　本案位于四川成都市的发展新区——高新
区，是中国华商集团（China Eminent Chinese
Businesses）的销售会馆，未来将会转换成园
区的愿景馆。在设计的概念上，我们将建筑视
为一个都市的景观、一个巨型的装置，也是一
个生活事件的载体，从建筑尺度到室内尺度，
借由不断创造虚实共构的界面，让建筑轻巧融
入城市的地景脉络中。

▼ **开阔屋顶展现大器尺度** | 水平的屋顶横向强调了空间宽广延展的意象，悬挑8米出檐的设计造成视觉往上抬升的效果，使这座比其他垂直高楼低矮的建筑，却展现出一股蓄积向上的力量。

下轻上重的极致平衡

整体建筑由三道不同质感的主墙体所架构，再通过强调水平线条感的大平屋顶覆盖，和周围强调垂直发展的建筑群相比，轻巧利落的线条所衍生出的微建筑，优雅的气度更创无限的想象空间。再者，通过大尺度的立面开窗、虚介质墙体的置入、悬挑 8 米出檐所创造出的半户外空间、环绕建筑周围的水体等，借此手法软化建筑的边界（edge），也试图通过厚重的顶和轻透的底形成的强烈反差，创造出一个底层轻质的活动场所。

既实又虚的墙体介面

为了让建筑与城市有更多对话的契机，如何重新定义"墙"这个空间中的重要元素，一直是我所思考的重点。如一楼会谈空间旁的第三道主墙体，我们将此视为一道轻质的界面，整道墙由企业主"中国华商集团"的"华"字，将其简体字转译后再随机运算创造出一个虚介质，既连接又阻隔内外间的对话，同时也通过纹理（pattern）疏密和角度的变化，让这道墙呈现出夜间透、白天实的虚幻感受。再者，二楼的会议室的主墙面，我们更直接使用了数字控制的电膜玻璃，将会议室的正面放在参观动线的视觉端景上，通过感应电膜玻璃产生的实虚变化来回应参观者的活动。当墙体的虚实开始与使用者互动，若隐若现的界面重新诠释了内与外、私与公的关系，让"墙"游走在轻与重之间，重新诠释了"墙"这个重要的空间元素，从绝对的分隔转向流动的可能。

▲水面与玻璃相互反射渲染｜通过浅水池软化建筑的边缘，同时在日夜不同光影的渲染下，让这道玻璃界面呈现出白昼实如镜面、夜晚洞若观火的虚幻意象。

▲实中带虚的结构｜一楼层的后段，也通过钢板的激光切割，创造了实中带虚的轻介质，而上方则背着一颗由黑色玻璃构成的盒子，视觉上轻中带实，与下方形成有趣的对比。▲厚与薄、重与轻的强烈反差｜下方轻透的玻璃墙巧妙支撑起上方厚重的屋顶，在视觉上予人一种举重若轻的奇异感受。

■ 案例 02

轻亭御风，
守护游子的车站

设计｜竹工凡木设计研究室
时间｜2007 年完工
地点｜新竹

台湾交通大学候车亭——竹栈

　　人称"风城"的新竹，每到冬天常会吹起九级风，然而台湾交通大学旧的候车亭是由三根立柱与一顶盖组合而成的构架，四面全透，不蔽风也不挡水。因此，"抗风"是这次候车亭设计中最根本的诉求。基于旧有物所存在的问题，我们提出以下设计准则：首先是北向一定要有遮蔽，以阻挡北面的阵阵强风，让候车旅客不受强风影响。其次是考量周围绿带和美丽的竹湖环绕，整体设计尽可能追求轻量化，保留高度的视觉穿透性，试图与周围的竹湖与景观产生最大的对话。

▼ **结构韧性高，不畏强风** | 整体骨架分为白色主结构与玻璃次结构两部分，各成一独立系统，采用弯曲的造型可以增加结构上的韧性，遇强风时会造成整体晃动，像竹子般摇曳。

◀ **轻质体量感的车站**｜阳光和绿意映射在站体内所创造出的温煦感，已为乘客提供了一个候车的宁静场所，但有时也不是在等车，而是在等待一个人的出现。▼ **将光线凝塑在一瞬**｜候车亭主体与地面上内嵌的灯条，暗示着竹节的纹理，也像是延时摄影下拉长的行进中车灯影像，时间、空间与速度将凝结于此。▼ **弧角形态顺风而行**｜顺应风的力量，以圆弧角化解疾风的冲击，而后方四根独立的骨架轻巧而稳固地扶住强化玻璃，成为一完整构架，遇风时会产生前后晃动的抵抗能力。

逆风顺势摇摆，轻中见韧

　　"竹"的特性为秆中空，直立有节，因其特有的韧性，遇风时顺应风势产生的弯曲，也极富曲线美，我们试图将这样的特性转化成结构的语汇，将结构上所有转角的部分导成圆角，增强结构遇风时的韧性，使北向立面在风大时拥有 3 ~ 5 厘米的晃动空间；收边的部分刻意不加以包覆，裸露出 H 形钢的断面，暗示竹子中空的形象。而后方四根独立的骨架轻轻扶住三片高达 3.2 米的全透强化玻璃，整体可视为一完整构架，遇风时会产生前后晃动的抵抗能力。另外，主体是由 3 毫米的钢板构成，我们在表面挖出线形的纹理，内嵌 LED 灯，衬托出结构弯曲的线条，也暗示竹节的优雅和质感。

玻璃清映风景，山水相伴

　　基地后方为台湾交通大学十六景之首的竹湖，故后方立面的设计，在结构的可负荷量下，将体量精简至最小，尽可能将玻璃的面积放到最大，让竹湖的景色映射进来，成为一幅诗情画意的山水画。而夜晚时，来往的车灯、夜归的游子、候车亭的线灯，搭配上后方的竹湖，层层影像叠合在一起不断闪逝，成为一场舞台剧。立面的玻璃爬到顶上，当落叶飘落到亭上时，会铺陈出另一种纹理，阳光透过叶片产生的光影，增添一种自然的层次。

■ 案例 03

蝶影轻盈，
纯净构筑唯美诗意

设计｜竹工凡木设计研究室
时间｜2011 年完工
地点｜台北

▲ **轻盈剔透的璀璨效果**｜主立面采取台湾制造的玻璃砖（glass brick）以 45 度角搭接，配合明镜及灯光的使用，强化了立面璀璨的轻透感，同时也暗示了 Deborah 经典菱格纹元素。而室内的灯具则都是特别定制的，利用了 2800 根磨砂过的雾面亚克力管，每一根都是不同的长度，通过些微的差异渐变组合成流体的造型。

Deborah 亚洲旗舰店

蝴蝶虽是轻而微小的生物，但努力破蛹所生成的美丽翅翼，却远胜世间许多繁复厚重的堆砌雕饰。我们这次与山二（YAMANI）集团自创服饰品牌 Deborah 合作，打造其位于亚洲的第一家旗舰店，而轻舞飞扬的蝴蝶标志正是 Deborah 对于"美"的定义。

以"蝴蝶"象征每一位女性所拥有的与生俱来的美丽力量，Deborah 坚持将优雅及时尚的当代元素注入品牌设计，让最平实的女性也能穿搭一身璀璨的气质。因此，轻巧宜人的时尚美学便成为我们思考品牌空间设计的主轴。

轻透美学，摆脱奢华思维

由于概念店左右两旁紧临 Louis Vuitton、Prada、Coach、Basalini 等知名品牌店，可谓精品店的一级战场。因此，我们在空间的表现上反其道而行，不与 Louis Vuitton 与 Prada 等品牌在拜金主义的昂贵美感上较劲，而是在整体设计语汇上不堆砌奢侈感，减少装饰主义的冗赘。例如门面采取玻璃砖（glass brick）以 45 度角搭接配合明镜（mirror）及灯光的使用，运用最基本单纯的材料组合交织光影变化，期望以耳目一新的轻盈美感，在这重视奢华美学的商圈，能以当代典雅的流线设计及不重装饰（decoration）的清

雅恬淡，注入不同凡响的美学价值，脱颖而出。

数字造型，演绎蝶舞之美

　　而在意象表现上，整个空间及摆设品的设计都以品牌的蝴蝶标志为设计主轴，截取品牌蝴蝶标志作为线条造型表现语汇，在空间的天地壁上舞出许多曲线。例如天花板即是通过计算机辅助设计系统（CAD/CAM）创造出一系列仿蝴蝶动态的造型灯具，以及入口处如女性裙摆摇曳的展示平台，期望通过典雅简洁的流线型来给予空间最轻松的舞动感受，以摆脱过度重金打造的奢华空间压迫感。

▲▲ **亚克力管幻化水晶灯气势**｜看似时尚的灯具，是利用 2800 根最平常的亚克力管，每一根都是不同长度组合成流线造型，以呼应 Deborah 不重装饰却一样成为注视焦点的本质。▲ **流动曲线象征裙摆摇曳**｜入口处设计一系列大型的自由形体（free form）展示台面，除摆设主题皮包外同时也是可投影的面板，舞动造型诉说电影巨星玛丽莲·梦露的裙摆飘舞，也象征 Deborah 时尚经典的气质。

07

多向连接性 Multi-link

跨域连接的
无限可能

关键词

多样性 Diversity

弹性的 Flexible

复合 Hybrid

关联性 Relating

跨界 Crossover

超链接 Hyper-link

联合 Combination

综合体 Complex

不预期性回馈 Unexpected Feedback

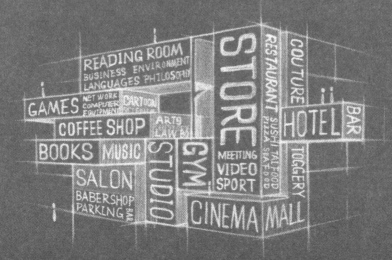

■ 概述

非线性建筑的多向连接性格，有别于过往单一线性的对应关系，开始被多元网络的思维所取代，不以单一的功能、用途或观点来定义一个空间、建筑或物品，应该致力于创造出更多复合及弹性使用的机会。而跨界整合所产生的多向连接合作，也让建筑的可能性与承载力更加扩展，无论反映在建筑的设计面、建造面还是营运面，建筑本身都被赋予更大的延展力及支援力，创造更多对话、互动的契机。

跨界碰撞、激荡创意，开拓空间无限潜力

本书第 1 章提到："当代设计的创意不着眼于原创"，因为所有概念的源头可能早已在过去都探索过。而本单元则要更进一步说明，正是因为当代设计的创意能量不再只局限于"原创性"（original），反而为世界带来更强烈、快速且强大的改变力量——因为当代创意的大本营已转向"多向连接性"（Multi-link）的思考模式，扭转了人们观看事物的方式。例如 2007 年 iPhone 的问世，就是多向连接性改变世界最显著的例子。iPhone 的影响力之所以远比手机等相关设备的发明更深远，关键在于手机只能提供话语传递的单一维度，iPhone却通过数字的虚拟环境，将人类全方位的生活需求汇聚于掌中，发挥空前的连接力量与整合性能，大幅压缩了信息流动的时空成本，这就是多向连接性无限的潜力所在，其实说穿了手机、掌上电脑、触控面板都不是什么尖端科技，iPhone 只是将其"合并"成"一件事"，看似普通的"整合"动作，其实已经间接告诉了我

们当代设计对于追寻创意的关键途径。

以微观的建筑设计而言，过往单一线性的思考，开始被多元网络的思维取代，建筑师不再是以单一的功能、用途或观点来定义一个空间、建筑或对象（object），而是从对象的操作转换为对关系的思考，追求创造出更多复合（hybrid）及弹性使用的可能，以更符合当代人多元瞬变的需求；而不同功能（program）的对话与结合，更可能碰撞出新的空间定义。当机场开始出现教堂、SPA 会所，当医院开始整合美食街、书店、花店，当便利商店开始结合餐厅、住宿，当律师事务所开始复合艺术活动、学术讲演时，这种多向连接性为建筑设计所带来的挑战，也正是新空间体验及创意出现的契机。

而从宏观的角度来看，多向连接性对于当代建筑的影响不只是在设计的思维上，更体现于建筑产业型态的发展，急遽迈向"跨国度"

▶ **市集住宅** ｜ **2014 鹿特丹** ｜建筑师：MVRDV ｜ Market Hall 里涵盖 228 间公寓、100 多家商店与餐厅以及一座大型的公共地下停车场。马蹄形的外观结合前后两面玻璃幕墙，围塑出了有如洞穴般的都市空间，吸引各种活动及事件的进驻，一楼开放空间就这样成了一个市民广场。▶ **斑斓缤纷的大型艺术** ｜拱壁上的彩绘本是要通过多媒体的方式呈现，后来因为维护和预算的关系，找来了国际动画团队皮克斯（Pixar）以大图输出的方式表达，一样精彩可期，被称为"世界最大的艺术创作"。其巨大的尺度和精彩绝伦的艺术水平，甚至还有人称 Market Hall 为"鹿特丹的西斯汀教堂"。

与"跨领域"，有人称之为"多元跨界的类虚拟性"。自 20 世纪 90 年代以来，数字时代所迎来的互联网无疑是一架无形强大的推土机，铲平了分隔世界的任何壁垒，这股多向连接的力道渗透并串联全世界，全面改变了人们沟通联系、文化信息交流、设计习惯及时空的绝对性，也借此创造更多跨国界或跨文化的合作与对话，使本土文化得有发声的渠道，几乎瓦解了过去现代主义以西方观点为主流的单一价值观，其中所激荡产生的火花能量难以估计，这也就是为什么托马斯·弗德曼（Thomas L. Friedman）认为当代是个极扁平的爆发世界。

再回归实质设计产业层面，数字时代的优异环境带动产业跨界整合所产生的多向连接合作，直接地反映在产业的研发、设计、制造、营运乃至于营销，设计者本身被赋予更强大的延展力及支援力，而建筑师的能量也不再只展现于建筑蓝图，而是统整各领域部门的跨界能力，甚至涉足时尚、艺术、美学等范畴，而当弗兰克·盖里与 LV 联名创作、当 Uniqlo 结合了大数据团队，当任天堂（Nintendo）开始涉足手机领域、当三宅一生跨域涉猎了室内设计时，当代设计因多向连接的无限可能，将激发出强大的能量。

多元共构，以建筑整合复合机能

"多向连接性"除了可以从产业经营的层面来诠释，也不妨视为当代思维中一项极重要的价值观："强调多元关系的建立共生，借以取代单一主体的霸权姿态。"这一价值观在建筑形式上的表述多半较隐晦，但若从空间功能的复合性来思考便具体得多。复合式用途的空间，在人们的日常生活中并不陌生，但一般的复合式空间未经缜密的设计整合，在逻辑上是散漫凌乱的。因此，如何通过建筑设计沟通更多元的功能与需求，并且赋予一定的秩序性达成最有效的连接效益，即是多向连接性所带来的建筑课题。例如，人们一般忌讳居住在传统市集里，认为会有吵闹与环境整洁的疑虑；但是 MVRDV 在荷兰鹿特丹设计的 Market hall 便通过完善的规划整合，借由三层加厚玻璃为居家隔绝市场的噪声和气味，并利用多媒体和大图输出创造出有如教堂尺度般的壁画，让空间、生活与艺术间产生更多有趣的连接。

而从多向连接性出发的思考，往往有着特定的条件限制或目的取向，但真正的创意往往来自于局限，看似困难的挑战反而有助于激发令人意想不到的建筑型态。例如：如何在面积有限的学校里盖出足球场与体育馆？ BIG 建筑事务所的创立人比雅克·英格斯（Bjarke Ingels）从平面俯瞰的图层关系解套，在他的母校 Gammel Hellerup High School 的增建方案中，将足球场"叠"上教室屋顶、将体育馆"埋"进广场下方，交错翻叠的手法和通过景观装置的植入，创造了许多宜人的校园角落，也触发了各种多元的校园活动。而多向连接性也为全世界都面临的都市更新问题提供了新的思考方向：旧的建筑物不一定要全面拆除才叫更新，例如纽约空中铁道公园（The High Line Park）便是将废弃高架桥改造而成的市民公园，导入了商业、艺术、休憩等事件，这一举措不但有效连接了人与空间，同时也让过去与未来的记忆得以连接，成就化腐朽为神奇的创意精神。换言之，多向连接性不只是产出有效率的复合空间，更可能扭转人们对于既有场所的定义与观感，甚至创造一种新的生活方式与思维。

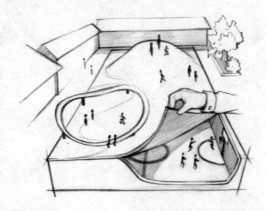

◂ **Gammel Hellerup High School** ｜ **2015 哥本哈根** ｜建筑师：BIG（Bjarke Ingels Group）｜把原本占据独栋的体育馆埋入地下，其屋顶则成为校园内如小山丘起伏的景观，让校园不再只是被高耸建物霸占的空间，产生更多分享、流动与聚集的广场。▲ **空中铁道公园** ｜ **2009 纽约** ｜建筑师：Diller Scofidio + Renfro ｜原本已被废弃的高架铁道，经过多向连接性的思考设计后化身市民公园，让人们愿意重新亲近这个充满记忆的场所。这个本属于城市的交通高架桥已成为市民驻足活动的新场所，各种潜在的事件纷纷在这里聚集。

■ 案例 01

非线性单车游逛，
创造人与自然的共生连接

设计｜竹工凡木设计研究室
时间｜2013 年完工
地点｜台东

YouBike——
台东都历游客中心

　　台东，是一块保有纯净性质的土地。不论是依山傍海的自然美景，还是风土淳朴的人文氛围，得天独厚的自然条件造就丰富的地形景观与物种生态，加上台湾独特的少数民族与史前文化汇聚于此，共同交织出东部海岸的迷人风华。要在这样珍贵的土地上，建造一座隶属东海岸风景区管理处的都历游客中心，我所思考的是：要如何通过建筑设计以及互动媒体，让人与自然之间的连接达到最大值？

◀▼ **拉近人与海的距离**｜宽广的太平洋景观是台湾东岸最珍贵的礼物，通过大地观景台和脚踏车步道的置入，期望让人们有更多亲近海洋与土地的契机。

串联东海岸车道，创造全新游逛体验

要塑造展场空间的新体验，常取决于参观的方式和速度。因而为了让这座游客中心更完全与自然大地合而为一，我们试图在参观的移动方式上进行创新，因此整体的空间布局采用开放式的策略，并将花东海岸自行车的动线导入，让整座游客中心转换为一座方便骑行者参观（bicycle-friendly）的展示馆，也是全台湾第一座可以骑自行车进入室内参观的展览馆。而当静态的展示与动态的参观模式冲撞，全新的空间体验便油然而生，当人们骑着或推着自行车进入展馆参观或游逛，就像是骑乘在原野间亲近自然般，将东海岸的节奏与感受延续至室内，不再因室内或室外而被切割，创造连贯的流畅体验。

以动态诠释自然，延续室外大地景观

静态与动态也是室内空间与外在自然环境不同的本质，户外的生生不息相对于静态的室内氛围全然不同。因此，呼应着台东这座自然景观宝库的丰富美景，我们在室内以大尺度折

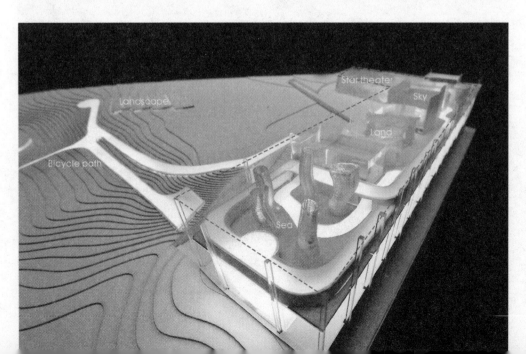

◤ **由外而内的游逛历程** | 图中的实体模型说明了自行车道从东海岸转进来后，开始串联大地区、海洋区、天空区到星空剧场，是我们连接室内外并改变游逛体验的一项重要的设计策略。▲▲ **立体步道穿梭于内外上下空间** | 此图为海洋展区，从这里自行车道开始以 1∶12 的斜率向二楼层爬升，灯具则搜集塑料瓶罐回收再利用，借此也传达环境友善与永续经营的价值。◢ **仿拟自然意象，描述台东故事** |（左）为海洋展区，以蓝色基调为主，内容为介绍东海岸海洋生物的多样性。（中）为大地展区，以大尺度折板拟仿大地的有机形态，在充满几何翻折感的造型中引发创意与联想。（右）为天空展区，通过曲线形态和多媒体装置来勾勒描绘属于台东天际线的故事。

板系统拟仿星空、大地与海洋，借由折板形态的翻折起伏勾勒出如同自然般的有机形态，让相对静态的室内展厅添加了动态的美学意象，消弭了动与静的界线，也意图通过室内设计的有机语汇与室外景观巧妙连接。

借游戏传递知识，引领孩子参与互动

　　将东海岸珍贵的人文地理传承交棒给下一代，也是这都历游客中心重要的任务之一。教育通常冗长而乏味，因而期望通过互动游戏的力量来传递知识，为此中心内部引进了许多的数字人机互动设备（HCI），搭配着有机形态的动感空间，让孩子能以熟悉的游戏语言重新认识东海岸，同时也创造更多亲子对话与参与的契机，通过数字科技的力量，重新联系起人与自然之间的友善知识互动。

◂ **幾米彩绘为空间注入灵魂** | 入口处我们也请知名艺术家幾米为空间创作彩绘，以鲜艳童趣的笔触勾勒属于台东部落小孩的故事。▴▸ **星空影院的无限想象** | 5800 颗 LED 灯在阒黑的剧场中莹莹闪烁，牵着自行车驻足于此，仿佛回到儿时乡野的星空电影院。而 LED 灯能提供均匀而微弱的照明，不致影响影片播放，同时也具有环保节能的效果。

■ 案例 02

玩古喻今，
生活·艺术的多重变奏

设计｜竹工凡木设计研究室
时间｜2014 年完工
地点｜高雄

棋琴文鼎苑

　　当代建筑产业中，住宅大楼的公共门厅就是因应现代人多元需求所出现的一种新复合空间，介于内与外、公与私、住宅功能与饭店管理之间。公共门厅凝聚着开发商品牌与住户对于建筑的认同感，因而须具备完善的公共软硬件设施，同时在美学或功能的设定上，如何兼容并蓄地涵容众人对此空间的需求与期待，是设计的重点所在。而承接这座位于高雄的建筑公共空间，在设计主轴上我们追求创造一个日常生活与艺术展演的交融场所，并尝试在古典美学的基础上重新诠释。

▲ **运用格栅手法演绎开阔穹顶**｜外廊的天花和壁柱采用形变（morph）的手法，转译古典建筑中壁柱与穹顶的造型语汇，勾勒其断面线条，营造古典与当代交糅的空间美学体验。

室内·室外

　　由于这座建筑物的公共空间十分宽广，在平面布局以及建筑结构的安排上，我们采取了几种开放而自由的处理态度。平面配置基本上分为前厅和后厅两大区块，但我们将隔断墙体全部拿掉，空间中找不到任何的隔断，再导入

一条可供展示的动线，让建筑的前后打开，形成具有流动性的串联关系。

　　而为了创造室内外关联（relating）的最大可能，我们将后厅区域的建筑外墙拿掉，让最大量的光线与风能够流动入室，让后厅形成一座半户外的过渡空间，而住户共享的各种功能如健身中心、儿童游戏房、交谊室、展示艺廊等，则置入一个个的"盒子"里，借由隐藏悬挑的结构配合轴线的翻转，意图通过许多展演的盒子叠架成一个无落柱的半户外开放场所。这是个回家的门厅，更是个充满文艺气息的艺廊。

古典·当代

　　古典的元素优雅而细致，我们运用当代美学的手法——"形变"（morph），模糊并融接对于古典样式中的顶、身、座等明确元素，重新诠释古典样式。解构古典传统既有的包袱，秉持艺术创作的写意态度，将古典元素抽象化或符号化，并通过当代手法重新转译，希望重新连接现代建筑与古典艺术的对话，期望沉着高贵的古典优雅气质能为简洁有力的当代线条和语法带来新意。

▲**围棋造型强化空间趣味**｜温润木质材料的运用和定制的棋盘艺术软装，响应了"棋琴文鼎苑"的文化意涵诉求，从建筑、室内到软装陈设都注入艺术美学。▲**如博物馆的大气尺度**｜公共空间的大尺度设定和定制的雕塑，让整个空间有如博物馆般的氛围，让进出的住户沉浸在艺术的洗礼中。▶**立体环状形态转译柱式图腾**｜大堂天花的形态，我们将传统柱式柱身的凹凸起伏，重新转译为立体的天花造型，像个巨型艺术品般倒挂在大厅天花，同时也响应地板的家徽图腾。

　　而在几个重点端景或空间转折点上，语汇上只保留古典柱式重要的弧形和曲线，以线条简笔勾勒其精神，将三维的变化转成二维的纹理（pattern）；建筑外廊的天花也同样采用变化（morph）的手法，转译壁柱（pilaster）与穹顶（dome）的造型语汇，重新勾勒保留其断面线条，营造出古典与当代交错的空间经验，延伸出玩古喻今的艺术想象与张力。

命力，运用当代参数运算模型，以连续流动的几何诠释古典语汇的新生命与活力，创作过程中以辐射状同心圆之点线面数学分割关系，不断进行曲面实虚形变的数字拟态，层层蜕变为理性与感性交融的独特有机容器。尝试融合古典元素的质感气韵，与当代数字技术衍生几何的美学秩序，体现古典的新义。

艺术·数字

　　而数字化参数式设计的注入，也是我们让艺术更富当代性的一种思考，我们导入数字雕塑设计师的作品。遵循着空间设计的脉络，例如"风"系列作品希望捕捉自然能量的有机生

▼**数字幻化当代艺术**｜此一系列精彩的作品是台湾东海大学建筑系邱浩修老师带领团队，通过参数化技术创造的许多独一无二的艺术创作。▶**简约黑白梯间创造雍容大气质感**｜电梯入口墙面的设计亦是古典语汇的简化，在黑白对比之间，优雅勾勒出现代与古典交锋的韵味。

■ 案例 03

橱窗里的红砖
本土 · 文创 · 旅行

设计｜竹工凡木设计研究室
时间｜2016 年设计
地点｜宜兰

HOTEL G ——戏宜兰

　　HOTEL G 是位于宜兰火车站附近的设计旅店。设计策略上，试图从得天独厚的当地商家及业主多元发展的事业体中出发，由下而上重新组构定义所谓的"旅店"，打造一个具有宜兰游逛氛围的慢生活场所。

不只短暂体验，还可打包回家

　　在这栋由多样功能（program）所共构而成的复合式单体建筑里，包含了设计文旅、别墅群（villa）、特色餐厅、酒吧、85℃二代店、艺廊市集、休闲会所等，像是一座小型城市的缩影模型。有趣的是，未来空间中所有的家具和软件装饰都会被挂上标签，因为整栋旅店也是一家文创交易中心，旅客将可以在此开放性地购买及交换，让旅行中体会到的美好经验，可以进入游客各自的真实生活空间，将"度假"的记忆连接到现实生活场所当中。

店中店（House in House），定义新"旅店"格局

　　文旅和别墅虽共构在同一栋建筑内，但却拥有个别专属的动线及入口，文旅从地下一层进入，而别墅群则被安排在二、三、四楼，并且采用富有宜兰地方性的材料——红砖及洗石

子，仿佛在现代大楼内置入多座红砖屋，是一种"店中店"的设计手法，而旅客可以开车直接进入二楼别墅。也就是说，单体建筑内建了26个大小不一的特色建筑单元。功能上虽复杂地融合为一体，但各单元间还是都保有隐私性及针对性，只有在被刻意创造出的公共空间内有机会重叠及交流。

◄ 既独立又具链接性的各个单元空间规划 ｜单体建筑内容纳着26个大小不一的特色建筑单元，且各单元之间均能保有完整的隐私与独立性，一种新的 Window Traveling 文化如焉成形。**▲ 融入当地具有宜兰味的本土建材** ｜建筑的二至四楼为别墅群，采用台湾传统建筑的红砖砌造表现，某个程度代表宜兰本土的趣味与文化。**▼ HOTEL G 模型图** ｜在外形上以 L 形主体诉说现代建筑的简约美感，同时也传达包容与开放的多向连接精神。**▼ 店中店（HOUSE in HOUSE）** ｜通过"店中店"的操作手法，将数栋小红砖屋置入主体建筑，车辆也能直接开至二楼进入室内，创造"室内的室外"的趣味空间。

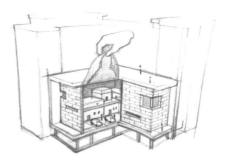

■ 案例 04

巷弄里的城市博物馆
凝聚无限创意能量

设计｜竹工凡木设计研究室
时间｜2016 年设计中
地点｜台南

日安竹米

　　"竹米 93 号"是竹工凡木设计研究室在台南所开设的设计文旅，设计部门也将在旅店一楼成立台南分部，命名取自新美街聚集米业的"米街"别称，同时也是以"米"字向内凝缩的字形意象，让设计的脉动与文化的创意交会，期待设计人与背包客之间产生自由对话的火花，在此旅店的半开放式工作空间凝聚更多元的创意力量。

在府城巡礼世界古今风景

　　台南的老街道像京都也像巴黎。很多人把台南和京都定位为类似的城市，同为历史悠久的古城，时间和生活文化的累积造就此两城市深厚的底蕴。但是台南的大路由圆环放射状向外延伸，圆环系统间的街道以棋盘式相接，衍生出许多的小巷小弄的行走感觉，却又和巴黎很接近。在活跃于世界舞台的日本建筑师藤本壮介眼中，这样的台南——"其实很巴黎"。

　　而台南的丰富性不只是跨越地理，更是跨越历史时空的。从荷兰殖民统治时期台湾第一条有计划兴建的欧式街道——普罗民遮街（今民权路）拐进清乾隆年间进出口贸易频繁的五条港区关帝港（今竹米旅店位置），旅店位处的新美街上有很多知名老店家如金德春茶铺、

昭玄堂灯笼、泉兴榻榻米或红白蓝柱理发店，而旅店对面的开基武庙是明永历年间（约 1669 年）所建台湾首座关帝庙；这几年则有许多新艺术家进驻新美街，为老巷弄注入新艺术的思维及创意。新旧之间，繁华、安静、优雅、甜美、俏丽各种滋味都有，在走进竹米旅店前的街道漫步仿佛历经一场古今时空穿梭。

收藏古城风情的城市博物馆

我们试图把这些台南巷弄的静谧优雅、温雅气质中又有着俏皮的特质都收进竹米旅店。竹米这个建筑载体将不只提供住宿，我们希望

借着竹米串联起巷弄历史及生活的真切样貌，它将是一座微型的城市博物馆。踏入竹米，也踏入巷弄里的巷弄，高高低低的石阶、清澈水池、深长的走道，新旧建筑彼此融合，在旅店内每拐一个弯都是一道风景。

◀ **老屋新生**｜基地上既有的旧建筑已整理完毕，为了承载未来多样性的空间功能，目前正进行结构补强工程。▲ **不只是旅店，更是微型的城市体验馆**｜旅店一楼保留空间作为多元展演使用，提供生活、艺术等多种可能的复合活动，在这空间里会举办讲座、开设课程，长向的走道墙面不定期展览各种文创的作品或信息；后区段则有文创设计工作室进驻，让"艺文"这件事持续发生在旅店的日常生活中。进入竹米旅店将不只是舒适的客房睡觉，你可以观赏展览、参与文化讲座或向当地人学习有趣的手工技艺。游人亦可选择到顶楼露天吧、露营空间，用身体感官和台南的气息对话，在这小角落感受台南的清晨与烈日、晚霞与夜空。

■ 案例 05

多元文学的指标性载体

设计｜竹工凡木设计研究室
时间｜2014 年完工
地点｜西安

▲**注入符号意象**｜主入口一进来，就能从空间的平面配置、桌柜的形式、灯具的形态等，不断感受"平凹"的符号，暗示贾平凹先生多元的文学底韵呈现。▶**如时光走廊般的动能空间**｜通过数字运算方法（Algorithmic Design），我们将九百多支线条形的方管及镶有线灯之金属管，通过交错的方式组构出具有流逝感、动态感的空间氛围，试图营造出富有未来感之大事记时光廊，通过数字及新媒体的手法呈现叙述贾平凹先生的重要作品与文化事件。

贾平凹文化艺术馆

贾平凹文化艺术馆位于西安临潼国家重点文创旅游区，整体分为上下两层，一楼集中展示了贾平凹的文学作品手稿、出版物、书画作品、雕塑和奖章，以及相关文学艺术创作研究等成果，已成为西安文学交流的重要知识殿堂。另外，二楼为多向连接（multi-link）的多功能文化场所，是集结了文学陈列、书画收藏、数字艺术、影像展示、学术交流、艺术展演、文化讲座、表演活动、生活教育、研讨会及工作室（workshop）、文创咖啡厅于一体的非营利性文化艺术馆，已成为该区重要的文化事件

载体。从文学领域扩展到当代艺术，是一个推动中国文学艺术产业国际发展的指标性平台。

图腾与符号转型

贾平凹先生众多著名作品中以文书和字画为主，并且对符号学有研究，故与贾平凹先生商议后，期望在整体空间策略上将"字"解构转化为意象的空间元素，尤其是汉字的"平凹"二字，更是意象转换的核心主轴，从建筑至室内，再到软装包含家饰，都一以贯之。期望透

过抽象图腾的转化植入，象征贾平凹文学艺术有形与无形融入生活的艺术呈现。

　　因此，建筑主体的凹字形平面与单坡的屋顶形式采撷自关中民居的传统建筑，同时也巧妙地与"凹"字形成呼应，而室内空间中的展示柜、灯具、家具、家饰、软装等，也都潜在地回应"凹"字的图腾。期望通过此转译的手法阐述文学的神奇魅力，使参观者充分感受到他文学作品中对于文化及符号转型中传统与现代的深刻发问。

名词小帮手 | **贾平凹**
中国当代著名文学家，华人文坛屈指可数的文学大家和文学奇才。

■ 案例 06

解放严肃包袱，
拥抱人群交流的法律殿堂

设计｜竹工凡木设计研究室
时间｜2015 年完工
地点｜长沙

▲ **设置讲堂与大众对话**｜颠覆传统法律事务所高高在上的金字塔形象，事务所内设置了大规模的讲座空间，容纳各种学术与演讲活动，让人们有更多机会亲近并了解法律议题。▶ **莫比斯天平的正义象征**｜入口的"莫比斯天平"，象征法律在现实世界当中所呈现的多方向翻转，也表述着事务所扭转传统法律严肃形象、走入人群拥抱大众的精神。▼ **从咨询到实战空间一手包办**｜演讲厅、模拟法庭与会谈空间一应俱全，让有法律咨询需求的民众或者学习法律的实习学生均能自由在此各取所需。

FLO 湖南芙蓉律师事务所

一进门，映入眼帘的是一座名为"莫比斯天平（moebius balance）"的艺术雕塑创作，象征法律于情、理、法矛盾中翻转，找寻那动态的平衡。没错，这里不是美术馆，而是位于湖南长沙的国际律师事务所——FLO。

当法律邂逅生活美学

看似只是单纯针对法律等相关事宜而设立的特定机构，其实在规划阶段就已摒弃传统的包袱，通过设计策略重新定义，打造一个包容性及延展力极高的生活交流中心。由多元的功能所组成，讲演厅、影音中心、酒吧、舞台、图书馆、仿真法庭、健身房、游戏区、休闲空间、开放式办公区及各种规模的多功能会议室，承载着各种潜在的学术、文化、文创、艺术等交流及活动。此外，事务所还成立了 FLO 学院，让法律与学术激荡交锋，创造了弹性包容的开放性学习平台。

08

地景性 Landscape

一栋建筑
重启城市叙事脉络

关键词

叙事 Scenario

脉络／文本 Context

交互 Content

图底关系 Figure–Ground

对象 Object

事件 Event

场所精神 Genius Loci

诱导 Inducibility

触发 Trigger

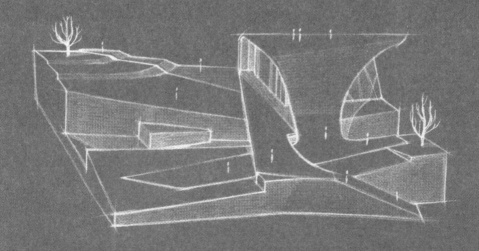

↘ ■ 概述

　　非线性建筑的地景性格，广义的定义是指所有视觉可见的有形景物或景观，且明确受到政治、文化、经济、社会、活动等驱动力的影响或支撑，并在交互作用下所生成的具有脉络（context）或叙事性（scenario）的视觉产物，甚至开始再定义"图底关系"。简单地说，建筑不再只是一栋建筑，开始被视为地景的延伸，而地景性也将遵循形随行为（Form Follow Behavior）的关联结果，响应非线性"网络思维"的基础本质。

地景建筑带动都市新生契机

　　由地景性格来观察当代非线性建筑的具体特征，可发现设计者开始有意识地借由建筑阐释"场所精神"（genius loci），通过置入对象（object）及事件（event）的方式，创造具有叙事力及吸引力的空间，主动融入与地景更密切的连接关系，甚至试图翻转或模糊建筑与都市间的主从结构，重新定义图底关系。就如扎哈·哈迪德曾经直白地在访谈中表示："如果你旁边是一堆垃圾，为什么要跟它们和谐？"她的用意并非要建筑孤立于环境景观之外，反而是以新的建筑观点淘汰既有的城市景观，换句话说建筑物既是对既存景观的响应与解读，同时也成为整体环境再生的契机。

　　因此，从地景性的观点也能合理解释当代非线性建筑所展现的课题性与渲染力并非随机偶发的行为，而且反映了当代论述语境下的建筑更趋向脉络（context）式的整体思考，不仅

使实体构造的边界被软化融入既有景观纹理，抽象概念的疆域也被解构，让建筑不再只是承载实际的功能，同时也响应着周围环境、景观、活动、事件的需求与脉动，凝缩时空场所、人类文明以及都市活动的文明书写载体。

　　上述的"地景"可以是个载体，反过来通过叙事性（scenario）的设计手法也能反向交织出地景性。无论建筑或室内、不分室外还是室内，当代在设计上常会通过置入故事、场景、事件、对象、软装等铺陈，编织成一具叙事性的序列，将空间转换为具有地景性格的场所，也进而回应了环境的脉络。

回应与诱发，充满叙事张力的都市地景

新世纪降临，信息无疑是当代最醒目的时代精神。倘若我们立足于地景性的观点，便可以从当代百花齐放的非线性建筑作品中，解读出信息科技在建筑上更深层的意义：众多建筑师们有意识甚至是积极地在作品中运用数字科技及信息时代的大数据及云端思维。例如，被誉为"亚洲以人工智慧发展数字建筑最有成就者"的日本建筑师渡边诚（Makoto Sei Wantanabe）的艺术装置——FIBER WAVE 系列作品，即是在地景脉络的思考下，利用数字演算机制给予条件与规则，"诱导"随机生成的设计形态；此类对环境的回应与思考，也展现在赫尔佐格和德梅隆（Herzog & de Meuron）与一位当代前卫艺术家跨界合作的 2012 年英国蛇形艺廊，以雨水收集装置回应伦敦多雨的气候。这绝非仅是追逐新潮或技术层次的考量，更是因为信息已和当代人们的作息和行为密不可分，就如同伊东丰雄在《风的变样体》一书中提出"风的建筑"，以"风"隐喻了城市中人流、车流、信息流、微环境流的高度川流交汇，间接阐明人类文明城市的非线性本质。

地景性的特质，在当代非线性建筑作品中，亦常表现为以建筑物的非线性造型比拟或融入自然地理景观的意象，创造出人为与自然交融的视觉表现，有意识地建立脉络的关系。例如建筑师马岩松即表示，可将建筑从过去视为城市主体的角色退位成为城市的地景和背景，借此重新诠译城市的图底关系。这一层具有叙事力的思考，让非线性建筑不再是孤立独存的概念或艺术品，例如向来以轻透建筑闻名的妹岛和世与西泽立卫（Kazuyo Sejima + Ryue）设计的瑞士劳力士学习中心（Rolex Learning Center），目的不只是在追求轻的极限，也是欲以缓坡、阶梯以及嵌入内部的"天井"创造波动形态，关注建筑、人与土地之间的一体关系，成为更重要的课题。

再者，黄声远建筑师近来于新北市完成的"淡水云门剧场"，像一片云朵般飘在淡水河畔的山林间，他追求"工作过程中"的审美观，而不是在意一个"已完成"的状态。而设计策略上试图将原来基地上的地景修补回来，利用地景大平台的手法将水和土顺接起来，并强调对于脉络（context）的关心，从淡水河对岸扩张到八里，再延展至观音山，意图建构连接更大的环境关系，让各种潜在的事件活动和景观流进整个空间。

▲◀ **劳力士学习中心** ｜ **2012 瑞士** ｜ 建筑师：
妹岛和世、西泽立卫 ｜ 建筑的两个外层是通
过计算机类比来形成最小的弯曲压力，其间
是 11 个预应力拱形结构支撑，波浪形的盒
子外观将安静的学术殿堂与山丘连接起来，
而弯曲的玻璃立面均是单独切割，可根据自
然和结构的运动进行移动，使学习者如同进
入了一个流动中的环境。

◤ **东京河岸文化中心** ｜ **2007 日本** ｜ 建筑师: 渡边诚 ｜以细长碳纤材质打造如芦苇般的细长支杆，以计算机连线搜集纽约、伦敦、巴黎等世界各大城市的气候资料，回传并反映在人造芦苇上，就像是在东京感受纽约的风一般，打破了时空距离，同时也通过此种数字装置复制了自然界的物理环境，于当地呈现异地的第二自然。

▼北京骏豪—中央公园广场｜兴建中 北京｜建筑师：马岩松｜把
过往方盒子形态的高层建筑转换为具有非线性特质的多层次城市
复合体，并通过楼板错动的手法，创造出丰富的空间漫游经验，
同时导入独特的微环境，让光线和风在空间中流动，弱化了建筑
的边界，空间形体就这样消失在空气、风和光线的流动之中，唤
起人类寄托于古老东方山水间的情感，建构一种理解高密度城市
的新观点。

▶蛇形艺廊临时展厅｜2012 英国｜建筑师：赫尔佐格和德梅隆｜这座临时建筑像是一座充满能量的凉亭，在地上挖出浅坑，并在上方置入一个扁平水盘，就像是一座"漂浮"在草地上方的水潭，除了可收集雨水，还能连接地下水脉，回应了伦敦多雨的天气特色。而前来观赏的民众可由水面映见伦敦天空与偶尔掠过的鸟，时而平坦如镜，时而涟漪四起，和周围的地景紧密对话。▼淡水云门剧场｜2015 淡水｜建筑师：黄声远｜黄声远曾于解构主义大师艾瑞克·欧文·莫斯（Eric Owen Moss）门下工作过，设计思维多少受其影响。在思考建筑时，试图破除建筑物的纪念性格，并将建筑与周围的大地景观、动线网络和邻近建筑的关系一并关联起来。

■ 案例 01

逐水草而居的
游牧乐园

设计｜竹工凡木设计研究室
时间｜2016 年兴建中
地点｜宜兰

LANDSDECK——
大地眺望台

宜兰三星是个极美的地方。绿色的大地，稻草的气味，溪水的温度，小径的穿梭，无边的天际，净蓝的天空……诸此一切，都是最珍贵的自然资产，也是整日关锁在都市牢笼里的人们念兹在兹的乡愁（nostalghia）。

因此，承接此案时，我们就很清楚自己的使命不是盖一栋傲岸独存的伟大建筑，而是为人们创造亲近自然的场所——可能是一座天空的步道、一组草原的台阶、一个观景的平台……

或者，答案可以是"以上皆是"？

▼**依山傍水的自然景观** | 在这里，我们期望建筑以最谦卑低调的姿态出现在大地上，并且尽可能地打开建筑的所有界面，将室内翻转出来与自然做最大尺度的对接，希望借由打开的、自由的建筑形态，让人们一来到这儿，就能让困在水泥都市里的心获得自由与解放。

▼ **持续变更的设计过程** | 本案的设计时间很长，为了找到心中理想的姿态与大地对接，我们通过大量的模型来探讨建筑的可能，最后选择了以两个互嵌的三角形体，相互共构出"大楼梯"的形态作为最后的方案。

解放屋顶，与天空对话

为了让建筑与环境拥有更紧密的连接，我们化解建筑方盒子天地壁的绝对界线，整座两层高的建筑物像是一张上下错层展开的立体剪纸，空间结构亦不再是常见的垂直水平形式，而是拉出交错斜面，且并非金字塔式亟欲征服登天的高耸斜角，而是以低平的角度，展现一种谦卑亲近土地的姿态。外观既像是一架即将滑向天际的滑翔翼，也像是一尾轻盈点水的蜻蜓，创造更富遐思的景观想象。

借由这座平台，我们打开封闭屋顶的同时也希望打开人们新的视野，观田海、听稻浪，连接天空与大地以及人与自然之间和谐而平衡的关系。

游牧动线，俯仰皆自在

通过将建筑块体解构离析，同时也意味着将现代主义里房屋方正的"正空间"形态打散为不规则的"负空间"，而建筑与环境之间的图底关系也随之模糊，再加上斜面设计串联起"庭院—屋顶—中庭—庭院"的动线，形成如莫比乌斯环般无限循环的形式，让空间的内与

外、上与下消除了分野，人们游逛其间——如游牧于大地之上，白天不妨缓步上屋顶，亲近油绿稻田向天际的延伸，夜里则可闲坐中庭，徜徉银河下的星光电影院。通过自由的建筑设计，希望让人们的心也能在这里获得自由。

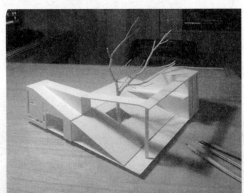

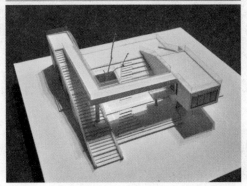

▲ 田野间的大楼梯 | 基地依傍水田而建，在建筑的思考上也极力为人们创造更多亲近好山好水的契机。因而设计策略上让整座建筑物就像是座大尺度的楼梯、平台、舞台、地景，内外关系在此产生翻转与连接。此时屋顶则成了观景台，高低不同的视野也产生迥然相异的趣味。夜里，当人们走上瞭望台观星赏月，也不妨和三五好友欣赏一场星空电影院带来的浪漫故事。

◀▲ 观田海、听稻浪 | 山间为了连接两座如山形的三角形主体建筑，我们设计了一座 18 米 ×14 米的天空步道，为了呈现天桥轻巧的比例，于是再大尺度的跨距都没有落柱，因而在结构计算上花了不少心力，尤其要应付未来自行车及人群的动荷载，最后经过精密的计算决定采用钢结构的桁架系统来构成整座桥体。我们想通过这座建筑，在打开封闭屋顶的同时也能开启人们新的视野，观田海、听稻浪，连接天空与大地以及人与自然之间和谐而平衡的关系——一座大地的眺望台。

■ 案例 02

大棚架里的微型景观

设计｜竹工凡木设计研究室
时间｜2015 年完工
地点｜成都

成都中国华商集团愿景馆
（室内）

　　景观与建筑之间的关系，除了表现在建筑体与外部环境间的关联外，同时也会影响建筑内部的室内空间——如何在室内设计中融入景观的思维，而不仅是功能性的思考，创造室内的"微型景观"。换言之就是将室内外的景观通过设计的手法关联起来。

　　我认为公共建筑在本质上应是一个都市的地景，一个巨型的容器（container），也是一个生活事件的载体。因此在成都中国华商愿景馆的设计上，我们不但将建筑视为成都地景的一部分，同时也期望将室外景观引渡入室，让室内呈现与周围城市相呼应的微型景观。

▼一进一进的叙事关联 | 立足于地景叙事的思考，我们通过大尺度的立面开窗与虚介质墙体的置入，在相互的映射和渗透下，演绎形成了一进一进的丰富层次。

▼ **水廊环绕软化建筑边界** | 环绕建筑周围的水体和绿植，软化建筑的边界（edge），借此让人们更易于亲近，积极促成各种可能的生活事件。

强调工艺性的室内景观

延续着景观脉络的思考，我们不将室内空间的对象视为单一元素，而是视为室外景观的延伸。因此在设计上特别重视工艺性（crafting）的创造，借此丰富室内的景观品格，从而由平面的布局、天花的形态、灯光的设计、墙面的纹理、楼梯的细节乃至于软装的搭配等，进一步构成"室内的景观"，以与室外环境形成更多元的美学对话。

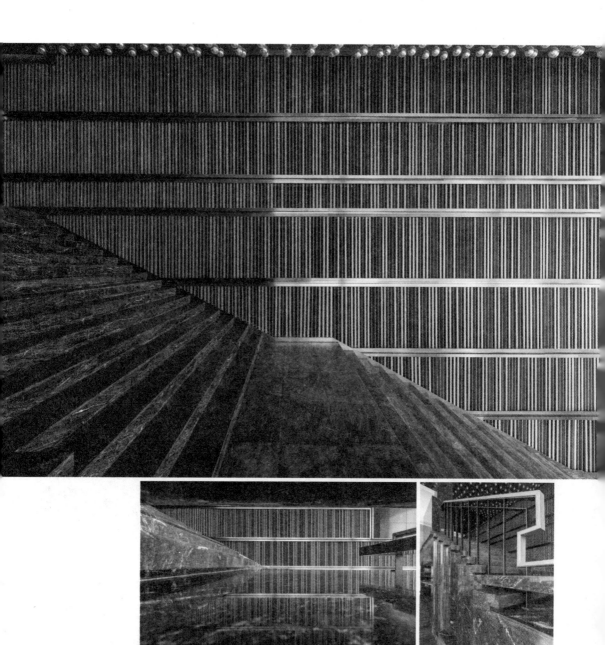

▲ 微形景观的紧密对话 | 主楼梯的设计将展演台融入，创造出可配合活动使用的景观舞台阶梯，并通过不同进出面的构成来处理侧面的收边，通过细节的处理更说明了团队对于工艺性的要求。主楼梯后方的壁体，则由 4 种模块的格栅构成，其断面呈三角形的水滴状，在多种模块的交互组构下产生了层次丰富的视觉感受，再搭配高反射的大理石地板，创造了有如水瀑的磅礴气度，与户外的水景、天上的灯海相互映射，产生微型景观的紧密对话。

区域感的塑造

设计上我们也相当注重区域感的塑造，区域不一定是以实体的界面来区隔，我们通过对于"连接性"的操作，也就是让空间的平面布局与空间元素间的相互对话，比如会谈区的造型天花，形式上内退的造型配合空间家具的布局和地毯纹理的设计，通过三者间的相互呼应，架构其网络的关联，进而定义了"区域感"（zone）。同样的在大厅的天花设计上也是相同的理念，四个天井的位置都回应了下方平面上重要的空间单元，通过连接性的手法，就能够在单一均质的大空间中创造出场所的主从关系（hierarchy）。因此，我们认为当代的设计思维应该是一个面状的网络，应从过去对单一对象的操作转换为对关系的思考，将网络视为一种叙事的方式。

▶▶ **灯海映射户外表情** | 大厅天花板开了四个天井将外部光线导入室内，加上 3200 颗的定制灯具，借由数字等差的运算创造出如云彩般的灯海，轻盈剔透的玻璃珠在白天与夜晚都有着迷人的折射效果，将户外的天气和状态映射在球体上，创造出第二自然的人造景观。

■ 案例 03

一砖一瓦唤乡愁，
水泥砌造温柔山水

设计｜竹工凡木设计研究室
时间｜2015 年完工
地点｜广州

Florina 国际广州设计周展场

　　费罗娜水泥砖（Florina）总部位于佛山，是一家多年从事瓷砖出口的本土潜力企业，产品的美学及品质与国际接轨，但不追求主流，意图找寻光与影背后的纯粹空间美学，专注于研发和生产各种还原质感的水泥砖和水泥相关制品，期望通过水泥砖的组构表达现代都市语境下人与自然、人与记忆和人与空间的关联。

本地砖材凝塑当地人文风貌

　　居于城市之上，便和一座城市有了关联。有人说，爱上一座城，是因为城中住着某个喜欢的人；也有人说恋上一座城，为的是城里一道生动的风景。佛山，一座千年古镇，在富含历史风采的背后，同时也沉淀着深厚的文化底蕴。因而在 Florina 国际广州设计周上，我们以佛山的城市地景为蓝图，创造了一个地景的类艺术装置，并以都市密度和等高线为表现手法，重新构建和堆叠属于佛山的超现实地景，用一层层堆叠的块体唤起对于城市的记忆，用一片片的砖拼贴出属于当下的体验。同时，参观者能游走进入地景展场，并轻易碰触到水泥砖丰富细致的表面，感受水渍、刮痕、斑驳的纹理，试图回应再现城市角落的画面，重新勾勒及连接场所的记忆。

▲▲凝缩城市地景｜展场灵感来自佛山地景，以都市的密度与等高线为依据，进行平面与立体的配置，在遥远的广州异地，再现熟悉的佛山记忆。**▲凸显都市特有的水泥纹理**｜水泥砖的表面纹理与水渍、刮痕等触感，也具有一种召唤力量，观者可借由实际的触摸与感受，体验城市角落意象。**▶交错层叠突显展览主题**｜在人影交错之间，费罗娜水泥砖总部所在的佛山地景静静矗立，识新雨亦感故人。

■ 案例 04

大阶梯上的小城市，
阐释场所本质

设计｜竹工凡木设计研究室
时间｜2014 年完工
地点｜厦门

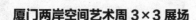
厦门两岸空间艺术周 3×3 展场

　　这是 2014 年举办于厦门的一个国际邀请展览，九位受邀设计师围绕着主场馆分别设计一个 3 米 ×3 米 ×3 米的容器（container），各自表述对于当代设计及艺术脉动的诠释。

包容力强的多功能景观平台

　　回应着主办单位的用心，我们创造了一个类景观的装置容器，借此来承载及回应当下多元事件的撞击及交流。它是一个大阶梯（big stair）、一个交流平台、一个表演舞台、一个展示秀台、一个瞭望台、一个停留场所（field）、一个休憩场所。我想借此表达当代的公共空间，应是一个极具包容性及延展力的场所，并且能连接属于当下的信息流及活动事件（event），进而在使用者心中刻画下深刻的空间体验和场所记忆。

▲ 自成一格的空间概念｜楼梯往往只被视为是空间中的部分构件，但是若把楼梯的细部放大，就能发现在高低起伏之间，它其实已自成完整的空间概念——不只是一座建筑，更是一座小城市，具有丰富的叙事效力。**▶ 自成一格的空间物品**｜Big stair 是空间中一个多元活动的载体，就在高低起伏之间，提供了足够的机会和尺度连接整个展场，它不只是一座楼梯、一座建筑，更是一座小城市的缩影，具有丰富的叙事力。本展后也将在各地巡回展示，相信在不同的地点，Big stair 都将以开放的姿态接受及连接不同场所的活动，以景观性的包容力承载所有的事件。

09

地域性 Regionality

让全世界看见
本土的精彩

关键词

特性 Identity

全球本土化 Globalization

本土全球化 Glocalization

脉络 Context

异质 Heterogeneity

■ 概述

　　非线性建筑的地域性格，承袭了当下大时代的驱使，因科技超速的进展，加上互联网的普及和宽带的解放，导致了信息爆炸、透明和渗透，在现实与虚拟之间跨越穿梭已成常态，造就了更容易被外界所认识及获取的扁平地域特质。而在重视多元特质的时代载体中驱使建筑又重新关注地域性，但有别于 19 世纪前的历史、文化、风土等地域情怀，也脱离了 20 世纪均质的全球本土化（Globalization），进而转向为解脱单一的束缚，关注本土生活素质与文化底蕴，运用当代手法重新诠译本土特质，由下而上、由内而外演绎而成的本土全球化（Glocalization）新浪潮。

本土力量再度迎向全球舞台

　　当代是重视多元价值的时代，建筑亦在此趋势下脱离了 20 世纪中期强调均质、单一、去脉络的"全球本土化（Globalization）"，但却也不是倒退回 19 世纪前那股古典文化与民族情结所表现的历史地域情怀，而是转向为解脱单一的束缚，在强调去中心思维的论调中，同时又关注本土生活素质与文化底蕴，这也是为何近来文创产业（Cultural and Creative Industry）成为主流的原因。在这股由小而大、由内而外、由下而上交织而成"本土全球化（Glocalization）"的网络思维里，以直观设计手段而言，就是从保留、缅怀的态度，转向为再诠译、本土整合的思维。追根究底，正是信息渗透、科技发展及互联网造成的"无国界"环境，让本土的小众力量得以交流、互动、激荡，进而凝聚发声为抵抗主流中心的文化潮流。

　　在交通发达与信息科技交互形成的"地球村"概念下，不论是实体空间还是虚拟环境的距离都大幅缩短，通过分享与社群连接，弹指之间人们就能拥有零时差、零距离的国际视野，也更有能力将自身文化与本土特色推广至全世界。而这也就是当代本土化思维与 19 世纪的

名词小帮手 | **全球本土化 VS 本土全球化**
建筑界所谓的"全球本土化"，是指第二次世界大战后全球处于战后复原期，加上工业革命的推波助澜，致使建筑界由上而下笼罩在讲求效率、量产与模块思维的技术性需求趋势中。尤其在勒·柯布西耶喊出"建筑是居住的机器"后，加上现代主义历经在西方主流国家的质变与发展，甚而形成反装饰性、形式极简、系统化、模块化的国际样式（International Style），并在 20 世纪六七十年代达到峰造极，深入世界各地都市，成为象征性与文明的风景。然而与此同时，却也开始引起反弹声浪，质疑建筑在这股全球本土化的思潮中一味追求均质量产，在单一线性的思考中变得千篇一律。因此，注重本土差异性的本土化（Localization）思维，又开始被拿出来重新探讨。发展至今日，在追求去中心化的价值观之下，地域性的精神已然凌驾于单一文化霸权之上，形成"越地域化，就越国际化"的"本土全球化"趋势。

不同之处，并呼应了当时安迪·沃霍尔（Andy Warhol）众所皆知的预言："当代每个人都可以成名15分钟。"当代的本土化不是锁国封疆，更不是闭门造车，而是人人都能角逐群雄，共同构成多元而良性的竞争场所。因此，本土全球化的奥义在于从传统文化中抽绎精神元素，融合当代思维，转化成能向不同文化背景表述的语汇。而这也是台湾交通大学建筑研究所所长龚书章教授在 2014 年 TED Talk 上不断强调的："当代的设计思维必须从本土开始，进而放大到全球尺度。"我想，龚教授的深意不仅是勉励新生代设计者关注本土，更是要让本土的力量迈向全球，发挥由小而大的逆转力量。

▲▲ **鸟巢｜2008 北京｜**建筑师：**赫尔佐格和德梅隆｜**除了以建筑型态呼应中国瓷器的冰裂纹路，鸟巢的形态也隐喻如同孕育及传承中国文化的摇篮。▲ **皇城红、北京灰，交织本土色彩｜**建筑结构及外体墙面采用老北京、老胡同的"灰"。而在室内及软装的部分则运用了许多象征北京故宫古代皇权特有的"红"作为北京的地域色彩意象，也代表着西方人眼中的中国元素。

▼ **慈林新馆** | **2014 宜兰** | 建筑师：杨家凯 | 改变传统"砌砖"的平面密实排列，通过数字演算软件尝试可能的纹理，以在砖材叠砌之间创造可通风与透光的"缝隙"，形成具有渐变层次的建筑表皮，让某个程度上象征宜兰这片土地上的土石砖瓦，具有截然不同于传统的新生力量。

以小博大，创造地域发声的国际语言

地域性之所以是当代非线性建筑的一大特点，主因在于当代建筑设计的地域性课题带来一种去中心化的非线性思考与交流，并且形成一股由小而大的逆袭能量，这也是为何小规模的数字制造工作室（FabLab）会盛行的主因。在新世纪的数字信息时代以及建筑产业跨国际化的产业环境下，得到大行其道的机会。

换言之，当代非线性建筑的"地域性"特色，必须放在"无国界"的大环境下观察。在此观察脉络下，设计的"特性"（identity）成为值得关注的课题。立足于"将地域推向国际"的企图，非线性建筑的地域特质便不会纯粹是传统因应基地环境而产生的"风土建筑"（vernacular architecture），而是运用具有当代特质的崭新手法加以转化与诠译，形成可交流的文化语言——就算是最具传统味，象征宜兰厝的"砖"和"瓦"，也都会在此语境下形成具有当代性的诠释。例如杨家凯建筑师在宜兰二结乡的作品"慈林新馆"，便是利用当代性的手法重新诠释地域性的材料，通过当代的构筑工法将充满乡土情怀的一砖一瓦推向了国际视野。

而探讨地域性的建筑趋势在跨国大型重点

方案里更是显著的课题。来自各种不同文化与种族背景的设计者在设计竞赛的场所里提出对同一地域的各种诠释，不但让人明确感受到西方中心主流已不再是唯一优势，更有趣的是通过异文化的观点，也形成一座城市新的特性。例如由瑞士建筑师赫尔佐格和德梅隆打造的"鸟巢"（国家体育场），可以说是反向诠译生成了北京的本土记忆，将西方人眼中的东方元素，转译为现代北京的标志性建筑，塑造了新中国的象征。

■ 案例 01

亭在山水间

设计｜竹工凡木设计研究室
时间｜2016 年设计中
地点｜天津

TIDFORE——
泰富重装集团天津总部

　　近年来随着整体世界的氛围不断向东靠拢，从经济到文化层面，亚洲地区以中国为首，加上印度、日本、韩国等持续展现实力与势力。受此影响与氛围笼罩，一种崭新的东方主义再度吸引了西方设计师的目光，东方的哲学、宗教、文学、音乐乃至艺术等都成为炙手可热的灵感元素。然而在地域性及文化差异的背景下，西方设计者纵能从形式上转化东方语汇，但往往仅能停留在表象的拟仿，与东方真正的精神底蕴仍有距离。

▼ **师法泼墨山水** | 建筑外形取法中国山水艺术"青山缈缈水淊淊，流连忘返瀑中亭"的意境，以流动感的语汇勾勒泼墨山水意象。

▼ **模糊边界的景观手法**｜整体规划（master plan）上，意图模糊
"图底关系"那绝对的边界。而在思考勾勒城市天际线时，将
港边海景纳入考量，将建筑视为城市地景的延续。▶ **东西合璧之
美**｜数字设备的运用，正如同古代工匠耕耘园林造景一般，追
求属于当代天人合一的智慧观；反映在建筑美学的设定上，我
们试图从国际样式的高层建筑主流中，找到属于东方的精神和
语言，并以西方当代的非线性语汇来呈现东方底蕴之美。

颠覆国际样式，崛起东方意象

　　2014 年初，竹工凡木团队参与了泰富重装集团（TIDFORE Heavy Equipment Group）天津总部的国际设计竞赛，最初我们仅是与业主合作其位于长沙的总部室内设计，后来在业主的邀请下，我们加入了未来天津园区规划设计竞赛的角逐行列，最后很荣幸晋升决选。面对着来自世界六个国家共八个团队的强大竞争，而天津又是目前全世界高层建筑成长率最高的城市，全世界的团队都在这里立下栋栋万丈高楼，我们心下了然，必须在这座城市崛起发展的关键性时刻，放手一搏，打破无辨识性的国际样式建筑，因为这场国际设计竞赛的意义将不只是创造一群高层建筑，更将决定人们认识这座城市的第一印象，也是象征城市地标的重要指标，是一场属于

全球本土化（Globalization）与本土全球化（Glocalization）交汇的文化象征之战。

消弭内外界线，介乎山水之间

世界眼里的中国，无非是古典诗画里山明水秀的壮丽风光。因此，我们以"瀑中亭阁"为名，不仅仅在建筑形式上将山巅水态的磅礴雄伟之势反映在建筑立面的设计上，更欲传达中国山水画"留白"的虚实意境，以及"山中有亭，亭中带景"的中介特质——消除城市与景观、人造与自然的那条界线。

因此，我们试图将建筑的边界打开，从全区的配置到建筑甚至于室内尺度，以飞瀑氤氲蒸腾水云追求东方水墨那般模糊不清、创造与留白背景融合的想象空间。因而在整体规划上，我们意图模糊"图底关系"，而在勾勒城市天际线的立面时，宏观上将建筑视为城市的景观，微观上则试图创造及连接更多的半户外空间，创造许多供停留的过渡地带。

当代数字园林，再造天人合一

呼应着企业主本身前瞻科技的经营理念，

数字观念及工具的运用也是我们脱颖而出的关键。在设计前期我们使用物理环境评估系统，综合分析风、声、光、热等各种自然及物环因素，推导出园区内的微气候平均数据，再借此套入并调整建筑群间的关联设计。另外在形式操作上，我们导入了参数式设计流程，试图推导出一套形式逻辑，让园区中所有的建筑物保有同中求异的设计语汇，追求当代数字园林再造天人合一的智慧。

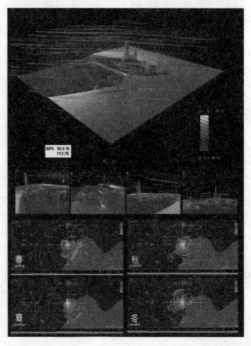

◤ **物理环境评估系统，创造关联微气候** | 综合分析风、声、光、热等各种自然及物环因素，推导出园区内的微气候平均数据，再借此套入并调整建筑群间的关联设计。◤ **一步一亭阁，为空间创造顿点** | 亭阁，是一种介乎室内与室外的半户外过渡空间，如日本的檐廊、印度的发呆亭（gazebo）等也都属于类似的中介空间概念，是东方传统建筑相当重要的一环。因而我们在各种尺度上尽可能创造更多的中介场所，期望提供更多停留休息的空间。同时，也试图运用过渡空间的置入来提升整体园区的空间品质，并将室内的空间和活动诱导出来，软化室内外的绝对区隔。

■ 案例 02

马那邦山的应许之屋

设计｜竹工凡木设计研究室
时间｜2014 年完工
地点｜苗栗

上山回家旅舍

　　地域建筑的美感，在于建筑物与基地环境的对话，设计者通过脉络关系的思考，有如向造物者祈求一分庇护的许诺，态度不再是强硬征服，而是顺其自然。本案基地位于雪山山脉中高海拔的一座小百岳"马那邦山"（全高1407 米）的"上山回家旅舍"，就是这样一座在谦卑中备受万物祝福的应许之地。

▼ 谦卑朴实的大地建筑 ｜ 上山回家旅舍是马那邦海拔最高的民宿，以谦卑的姿态自给自足，与原始山林共生共息。

▶▶ **通透天井调节对流** | 这座位于建筑中间的大天井可说是整个建筑物的"肺"，不但具有引导采光的效果，同时也借着自然对流达到通风的作用，因而整栋建筑皆未安装空调系统。

守护山野的精灵

因遭逢 921 地震，屋主蒋先生为了让家人重获栖身之所，毅然辞掉工作，回到老家投入自力造屋的工作，并整合当地单位、建筑队等资源，从无到有，从整体建筑到室内装饰历经超过五年的时间，终于让这栋高海拔的低调朴实的建筑诞生了。至于让我觉得本案具有当代地域性价值的原因，这要先说一下 2015 年初公布的英国最具声望的艺术奖项——透纳奖（Turner Prize），首奖为一个建筑组合名为

"Assemble Studio"，其由 18 位不同专长的伦敦建筑师组成，并整合了当地社区、艺术、校园等资源，对应支援该区的老街进行重整改造，因此荣获了 2015 年特纳奖的首奖，其核心价值就是这种整合地域资源、跨领域合作的本土精神，而我在马那邦山上也看到了。

除了住宿功能外，建筑体的中庭刻意创造的挑空公共空间其实还有个特别的用意，这不只是一栋房子、一间旅宿，还是一个半山腰的精灵——山中的教堂，让那些在山边习惯酗酒

聚会的大人们、那些在偏乡小学就读的孤单的孩子们、那些习惯被漠视的长辈老人们，得到精神上的依托、心灵的沉淀、一个生活上的支点，自然而然，一个山区村落精神及生活的聚集地俨然成形。

一楼饭厅的开放式格局就是为了教堂弹性使用所设计，而底墙上的壁画，则是大家合力完成的一幅名为"新创世纪"的画作，不论是上帝的身影、诺亚方舟或整个多彩多姿的世界，所有的色彩都是从户外天然的色彩中，配合色卡挑选出来，反映在画作和空间墙面的呈现。材质的使用上则以最基本的水泥粉刷搭配上自然流露的混凝土纹理，云雾的渲染能让时间与建筑更紧密地对话。室内许多软装及艺术品均是由设计团队从山上直接取材再加以设计，整个屋子从建筑到室内乃至功能实践与艺术美感，都保有山林的气息，更是人与自然之间对话的结晶。

建筑的肺和永续的延展

向上天凿借的天井，装载着自然的阳光、空气、雨水、微风、星光及人与人间的互动，同时这个建筑的"肺"也承载着三个非常重要

的功能。第一，整个建筑没有安装任何的空调系统，必须通过这个大挑空及房间内的深露台来调节，让空间达到自然对流及通风的效果。第二，天井未来将会向下连接前方的二次景观公园，另外也将通过天桥串联至后山的有机果园，还要向上搭梯延伸至屋顶的观景平台，也就是说天井空间会承先启后将四面的自然景观与事件（event）通通串联起来。第三，天井让充足的阳光射入，使这个山中的小教堂明亮而和煦，也添加了一分对于连接上天的神秘感。再者，上山回家旅舍百分之八十以上的粮食自栽自采自足，目标是以太阳能和水力供应一半以上的能源，期望成为山边自给自足的典范。

▼ **在室内也能坐拥自然** | 由于位于海拔较高的地方，通过落地大窗的设计，大量迎入户外美景，静坐窗前仿佛置身身云海之间，连心都获得无比的平静。

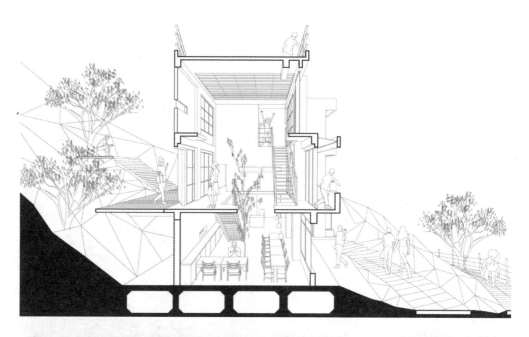

▲▲ 由外而内再向外，串起连贯动线 | 天井将向下连接前方的二次景观公园，另外也将通过天桥串联至后山的有机果园，再向上搭梯延伸至屋顶的观景平台，让周围自然景观与建筑串联起来。**▲ 取色于景的自然** | 墙上的壁画，则是合众人之力所画成的名为"新创世纪"的画作，其中有上帝的身影、诺亚方舟与多彩多姿的世界，所有的色彩都是从户外天然的色彩中，配合色卡挑选出来的，让自然的美丽色彩凝结于空间墙面。

■ 案例 03

酿一坛北京岁月，
延续老酒厂的醉人芬芳

设计｜竹工凡木设计研究室
时间｜2016 年设计中
地点｜北京

北京酿酒大师艺术馆

　　"MIBA 国际酿酒大师艺术馆"位于北京，其原型为古典俄式结构的工业建筑遗址。它本是老牌中国葡萄酒的缩影，身躯经历了风雨沧桑，最终因汰旧换新而退役。随后，一群人找到这个荣光斑驳的容器，重新置入灵魂，凭借原址旧酒厂那浓浓的建筑时空场所，以当代的设计手法重新塑造，试图创造更多各种酒与人或是人与人的交流空间。昔，它使人们在精神与物质的相互作用下，进行充满激情与活力的劳动创造；今，它将重新加载这分精神，将中国酿酒文化延伸。

▶ **醇香酒厂记忆**｜老酒厂内部历史原貌。我们希望新的设计能够召唤历史记忆，同时又赋予酒厂更丰富的人情温度。

▼ **本土酒厂重酿飘香** | 基地原是北京的老酒厂，为了保存酒厂的文化记忆，在此打造一座结合酒吧、展演和教育功能的酒文化艺术馆，让属于本土的酒香得以延续。

酿酒如建筑，时空凝聚的结晶

酒的诞生，是老祖宗智慧的结晶，结合
了土地、粮食、水、火等元素，倾注最重要的
光阴，才能孕育出令人激赏的酒品。我们将这
番浑然天成的酿造过程配搭空间格局，形成了
"土、水、火、粮"四个场所，同时参观者行
走动线又呼应酿酒过程。每个空间因功能的不
同所产生的精神寓意也不同。

首先，对应着大师工作室的是"土"。土
地是万物的母亲，它也是古窖泥，每一克的古
窖泥里含有几百种、约十亿个参与酒液酿造的
微生物。其次，"水"的展演方式是试图打破
传统酒类展示的一成不变，在大厅里用流水、
光影来催生情境，将这"酿酒的血液"以轴线
方式延伸至象征"火"的酒吧区。

举杯谈笑间，唤起庶民酒乡情

酒吧区保有原建物特有的生产设备，一座
座巨大的酒桶伫立在空间中央，它们是中国特
有的诗酒文化催生地，在这象征水与火共生交
融的空间中，人们可雅独酌，亦不妨酣耳热，
充分体现出中国人爱酒的真性情，酒杯里既藏

着政客的权谋，亦有小民的生活，人间百态尽
在觥筹交错之间。

艺术馆的最后，以"粮"作为曲终奏雅的
高潮。一地有一地之粮，于是一地有一地之酒，
白高粱或红葡萄，各是浓缩一个地方特色最精
华的滋味儿；酒厂所产之酒或许可运至他方，
然而老酒厂的记忆却只能独钟于此地。于是我
们撷取"粮"的意象为艺术展厅的衬底，空间
中本身就存在着一种秩序，上面留有特殊的旧
五金，在这被整理过的纯白空间中，强烈的新
旧对比下，试图冲撞出艺术展厅的当代性。不
以完全的"旧"来表达废墟之美，而是以暧昧
模糊的手法去创造另一个"新"。

◄ **精细工程保留原始结构** | 老厂房堆叠着太多时间的痕迹，新旧的复杂交错让工程进行困难，且有许多结构已不稳定，因此只能采用较为细腻的工程手段。比如所有的拆除工作都用相对较昂贵的水刀处理，才不会伤及结构和老元素。▲▲ **结合本土文旅发扬文化** | 老酒厂户外不同尺度的酿酒桶。一座一座酒桶里，酿的是北京人百年来的骄傲，也酿着无可取代的本土滋味，往后将变身成为文创旅店和微型工作室（FabLab）。▲ **酒桶变身，注入派对趣味** | 以大型的酿酒桶为发想主轴，打造出一座座独立的聚会包厢，连过往酿酒工人的工作步道都纳入设计的考量，成为连通动线的空中走廊，以创意与趣味联系今昔岁月。

10

永续性 Sustainability

**持续的代谢变动，
创造相对的永恒**

关键词

再生能源 Renewable Energy

共享经济 Share Economy

共同性 Commonality

代谢派 Metabolism

减排 Waste Reduction

■ 概述

非线性建筑的永续品格是一个不得不回应的问题，因为当代土地所扮演的主要角色已转换成生产食物的工具，而永续环保已是维护生产工具的必要手段。在面对石化能源不可逆的绝境下，只能往可再生的永续能源趋势迈进。因而通过大数据（Big Data）的基础和科技的手段，试图在自然界找寻潜在可能的秩序和现象，并将其原理转化后海纳百川地将零散却潜在的能量流（energy flow）整合收纳到建筑中，因而造就了共享、多元、复杂、精密、有机、包容的设计策略和建筑形态，意图在当代持续城市化的进程中植入永续发展的因素。

赋予建筑自我代谢的能力，创造可持续的未来

总是与"绿能""环保""节能"等词汇相关联的"永续性"，其实是影响当代建筑发展极重要的一项价值观。尤其进入新世纪后，在数字科技与能源研究的助益下，让建筑设计连接自然能源与经济资源的再生与共享，已从一种政治正确的理念口号进化为可积极落实的建筑指标。

回溯历史，两次世界大战的浩劫粉碎了人们尤其是西方社会过去对于建筑单一不变的"绝对永恒"价值，同时伴随着后工业时代的急速发展与变化，人们也发现过往的都市规划和建筑模式未必能适应人口急速膨胀的现代都市。因此，在战后重建的数十年中，建筑师开始思考的不再是"让当下保持不变"，而是致力于"创造可持续的未来"，通过新科技、新工艺、新材料，赋予建筑自我代谢的能力以延续建筑的生命周期，

适应瞬息万变的城市，形成全新的建筑价值——具有变动性的"相对永恒"。

站在"相对永恒"的脉络思考，就不难了解20世纪60年代日本丹下健三（Kenzo Tange）及黑川纪章（Kisho Kurokan）等建筑师所发起的"代谢派"（Metabolism）建筑行动和彼得·库克（Peter Cook）主导的"建筑电讯"（Archigram）建筑思潮。只可惜，在当时数字信息、绿能科技发展及大时代氛围不足的时空背景限制下，他们所采取的道路主要是从建筑构造上实验可替换、可移动的结构设计，不免仍有些乌托邦式的科幻神话色彩。时至今日，科学家们在能源发展与数字科技上取得日新月异的突破，加上环境和全球暖化的持续恶化，带动建筑思潮迈向更具体的"永续"目标前进，成为全球建筑师不约而同共同努力的方向。

永续性追求的价值并非是单一建筑的永恒不灭，而是整体环境资源的循环与延续，本质上正是反映了非线性复杂科学为人类文明带来的贡献。因而永续性带给当代建筑师最大的挑战与激发，不是概念的发明或原创，而是如何"优化"与"活化"——技术、资金等有限资源的优化利用，以及知识及技术领域的跨界活化整合。换言之，当代非线性建筑不能只依赖过往单一线性的过程（line-approach），还必须打开多元跨领域的网络，在大数据（Big Data）的优势信息基础下，与工程师、科学家、环境专家、政府部门建立对话及合作关系，2014 年于北京造就的"APEC 蓝"就是最有效例子。"数据"就是当代建立跨界沟通最客观理性的语言，设计者必须具备能将一切信息化为数据的能力，同时通过精准的模拟物理环境运算，才能真正有效反映在建筑设计上，赋予建筑自我代谢以及回应环境变化的实质能力，掌握永续发展的未来。

▲ **都市遮阳伞** | **2011 塞维亚** | 建筑师：J. Mayer H. | 都市遮阳伞建造的主要目的是为了能在维持现代化都市机运作的情况下，通过新造的公共建筑空间来涵盖古城中偶然掘出的古罗马历史遗迹，在保存古迹与都市更新的角度上也具有永续性意义。◀ **自重轻的材料优势** | 木材拥有结构自重轻的优点，并且使设计团队能自由地运用更细长的构件来设计非线性的流动形体，而木材的造价与维护费用也相对低廉，展现了自然建材的无穷潜力。

名词小帮手 | **代谢**

"代谢"一词源自于生物学，指生物体持续不断地与周围物理环境进行能量交换与物质替换，借此完成自身更新来适应内部与外界的变化，是一个生命体通过自我更新以获得永续生存的过程。面对着二战后几乎被摧毁的日本，丹下健三等建筑师将此生物学的概念应用在建筑理论上，提出著名的"METABOLISM 1960"宣言："城市建筑设计也应该像生物的新陈代谢那样在有机的动态过程中成长。"

数字生成永续智慧，打造未来进行式的建筑

从目标上而言，当代永续性建筑的价值观所追求的不是单一建筑体的永恒雄伟，而是如何与自然共存互存，减缓对地球生态及资源耗损的速度。而数字时代造就了技术的优化与思维的活化，让永恒的理想不再只是幻想，实践着永续建筑的未来进行式。

反映在建筑材料上，开始出现大量以高科技生产的回收材、再生材或环保复合材，例如德国建筑师迈尔（J. Mayer H.）于西班牙塞维亚古城设计的"都市遮阳伞"（Metropol Parasol），为了让建筑物达到至少 50 年的使用寿命，迈尔设计团队舍弃会导致结构自重（dead loads）过重的钢材，选择以木材结合聚氨酯（PUR）涂料，此种合成材料除了具有耐候与防火的特质，更拥有高抗拉强度，可以增加木材 25% 的结构强度，同时减少 50% 的塑性变形，堪称当代非线性建筑与节能环保意识巧妙结合的经典之作。

而在构筑（tectonic）的角度上则着重于对环境微气候的反馈，除了追求自然采光与通风效果的最佳效益，达到减废（waste reduction）并降低能源消耗外，更讲求积极运用太阳能、风力或地热等再生能源（renewable energy）。像扎哈·哈迪德设计的被称为"世

界最大规模的不规则建筑"的"首尔东大门设计广场"（Dongdaemun Design Plaza，简称 DDP）建筑内部及周围基地区域引进地热系统，于地底 150 米深处打入 88 支钢管以便于获取地热，作为建筑物温控取暖的热源，也打造了一个相对温暖的公共景观场所。虽然 DDP 这一复杂的自由形体建筑带来正反两极的评价，但某种程度上，这个能自主产热的有机建筑也立下了当代非线性永续建筑的里程碑。

▲ **东大门设计广场** ｜ **2014 首尔** ｜ **建筑师：扎哈·哈迪德** ｜ Metropol Parasol 东大门的设计运用 45133 片不同大小与弧度的碳铝复合金属板并结合高强化玻璃纤维水泥，构成建筑物的轻质外墙系统。这项工程的复杂度极高，更是仰赖参数式设计才得以实践，并且通过 BIM 建模方法在建造过程中不断修正以达到最佳工程效益。▲ **LED 光带呼应节能意识** ｜ 建筑外部采用节能的 LED 灯光系统，融合墙体所形成的空隙与皱折，形成动态的城市光带，并呼应环境永续的节能意识。

■ 案例 01

"弃"而不舍，
废弃材料化腐朽为神奇

设计｜竹工凡木设计研究室
时间｜2011 年完工
地点｜台北

或坐或卧──自在

　　2011 年我们受邀参与台北国际设计大展，当届的展览主轴是针对当代"永续"的议题出发，而室内装修业一直以来都是相当耗能的产业，尤其木料的使用更是惊人。有鉴于此，我们从废弃材料或工地剩余材料作为材料构思的灵感起点，期望通过设计手法给予废弃材料新的生命，也试图借由本作品传达当代设计师新的使命——如今设计产业已非工业革命时期（Industrial Revolution）一味地制造生产，当代设计师更重要的任务是迈向"化腐朽为神奇"的境界，为永续节能尽一分心力。

◄▼ 融入东方禅意的坐卧哲学 | 我们设定这把"自在",除了满足"坐"与"卧"的基本功能外,同时不使用时还是空间里的艺术物品,营造一丝东方佛学的禅意氛围。

坐卧之间，但求自在

　　要追求未来的永续，须先观望历史的本质。人与空间、与材料之间发生联系的本质为何？说穿了，不过是或坐或卧。就像是中国传统京剧舞台上只要有一桌二椅，就能象征各式山、楼、门、床，可以说是人与空间互动的起始点。

　　而回顾中国家具发展史，中国最早并无今日有椅背的"椅子"，先秦时代的人们所发展的是一套"席地而坐"的文化，"席"是当时日常生活最普遍的坐具；战国时期，低型的家具如"床榻"逐渐出现，成为当时常用的坐具；

到了魏晋时代，则流行独坐式或双人座小榻；而南唐画卷《韩熙载夜宴图》里更能读到古人以"榻"和"罗汉床"为中心待客的场面，显见当时的"坐具"已具备复合性的功能。后来随着佛教大盛，而中国人早期对于椅子的观念亦随之受佛教影响深远，佛教的弥勒通常高坐于座位上，垂一足或双足，有时双足交叉下垂，有时双足下垂，有时右足下垂等，而这样的造像形态也影响了中国人对于"椅子"的思维。然而细细回顾，传统中国的椅子其实是不分"坐"与"卧"的，或坐或卧，但求自在而已。这般自在，这等智慧，是否能带给当代新的启迪，成为化腐朽为神奇的契机？

▼ "自在"制作的四大步骤 ｜
Step1：回收废弃材料，以实木与集成木废料为主。

▼ Step2：在参数式环境中运算结构强度及曲面变化，进行形体（figure）的设计。

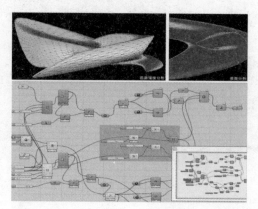

从设计到施工，持续追求效率和节能

"自在"从设计到施工的过程，都通过计算机辅助设计系统（CAD/CAM）及计算机参数化设计流程（parametric design process）精确控制，试图在一定的预算内，将无秩序的对象模块化与制程化，化腐朽废料成为神奇艺术品。在设计前期阶段，我们从资料中定义几个动作和尺寸，在计算机环境中设计出我们期望的形体（figure），并利用快速成型技术（Rapid Prototyping）输出实体模型来进行设计讨论与沟通，并在计算机中反复进行分析与修正。

进入施工第一阶段后，由于是利用回收的废料，我们必须计算后将之处理成合适并统一的断面（section），并在曲面强度不同的地方进行材料分配设定（结构须要强化的部分采用实木）。下一步则开始精确放样，组装等比例粗坯形体（mockup）。最后，以第一阶段粗坯为基础，开始进入计算机数控加工（Computer Numerical Control，简称 CNC）打磨成型。从前必须估算好材料量与时间，往往十分耗时耗工，现在借助计算机参数化控制流程，可以节省大量操作时间及成本，这也是我们对于永续性设计的一种回应。

▼ Step3：利用快速成型技术输出 1：10 实体模型来回探讨，进行设计讨论与沟通。

▼ Step4：自动化施工图绘制，并精确放样，组装等比例粗坯形体（mockup）。

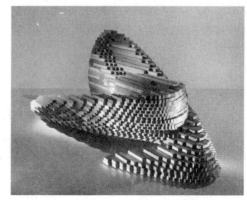

■ 案例 02

回收与循环，
让短暂拥有永恒价值

设计｜竹工凡木设计研究室
时间｜2012 年完工
地点｜台北

天使春天出版
国际书展展场

2016 年，台北已跃升成为世界设计之都，可见相关设计艺术展览及活动的蓬勃发展。尤其每年台北举办数次大型国际书展，耗费大量的各式纸箱装运书本，同时也因造型的需求，大量运用木材等不可回收的建材来塑造空间，但所有的搭建在短短五天左右皆会拆除，相当不环保。

受春天出版社及一位作家好友之托，设计当年的国际书展展场，本次构想的灵感源自于这位作家当时发表的新书，因书本使用环保的类牛皮纸作为书皮，同时为了回应本次书展的主题"阅读，启动绿色未来"，我们在本次国际书展的设计规划上，摆脱既有传统思维制作临时展览的做法及形式，使用回收的瓦楞纸箱来建构整个展场空间，也期望能抛砖引玉唤起未来对于临时展场空间运用的思考。

人文与永续对话的书香美学

整个展场只利用四种回收材料组构而成，回收的瓦楞纸箱、废弃的木角料、回收清洗过的吸管、包书的各色牛皮纸。首先，我们收集不同尺寸及颜色的瓦楞纸箱，较厚及内部结构较密实者作为结构用于墙体与柜体，并通过剥除瓦楞纸的表面来产生不同的纹理质感。同

时，我们也将包覆书籍用的不同颜色的牛皮纸拿来作为表面材料使用。瓦楞纸堆叠出的空间单一却层次丰富，在设计者的解构下重新诠译演绎存在的价值，传递出一种人文与永续对话的书香美学，也试图引导出大型展览对于新世纪永续环保的绿色议题。

▲ 柜体规格化，便于组装 | 整个展场是由 120 厘米为一模块的瓦楞纸柜体构成，模块化的柜体方便现场组装及依现场状况排列组合弹性使用。**▶ 善用回收材料组构留言墙** | 运用瓦楞纸断面的孔洞，配合回收的吸管，构成四座大型留言墙。有趣的是，不同的高度也反映不同年龄层的读者和参观者。

第　　　　　　　　章

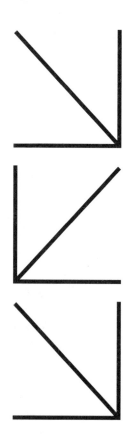

掌 · 握：
数字科技、方法及人才

　　"非线性"不仅是一种建筑形体的表述，更是自复杂科学理论衍生出来的设计思维、方法与态度，同时也可视为当前时代氛围与世界脉动的表征。而在数字科技的注入下，非线性思维对于当代建筑产业生态面所产生的影响：平台整合、信息开放以及设计跨域，更是不容忽视的课题。

站在大数据的肩膀上：当代建筑师的使命

建筑大师弗兰克·盖里 2015 年秋季于东京 21_21 美术馆展出名为"我有个点子！（I have an idea）"的回顾展。在主题墙上他设置了一个巨型"网络"（NET）的图表，通过层层关联的关键字图表，有如大数据般地串联在一起，阐述了当代人、科技与建筑的时代性意义及关联，也间接说明了当代建筑师在信息流时代中的使命。

处于信息洪流中的建筑师蜕变

其实在文艺复兴前，"建筑师"这样的称谓曾被工程师、石匠、木匠或雕塑家、艺术家等具备相当程度的匠师性格及技术基础的"工匠师"所取代。随着建筑业的持续推进及对专业整合人才的需求与日俱增，"建筑师"的角色持续蜕变。进入 20 世纪以后，以工业革命所发展的技术为基础，加上世界大战造成居住需求急迫增加，应运而生的现代主义建筑强调建筑师应具备通盘整合能力及美学敏感度，显然与早期建筑所仰赖的"工匠性格"在能力取向上有所不同。换言之，"建筑师"任务的转变也反映着建筑观念在不同时期的当代性，但其本质上并无大异。顺应时代的需要，1976 年建筑师理查德·沃尔曼（Richard Surl Wurman）在全国建筑师大会上首次提出"信息建筑师"（Information Architects），建筑师的角色和任务又朝多元迈进，他认为建筑师在 21 世纪信息爆炸（information explosion）及交流爆炸（communication explosion）的信息流时代中，必须拥有数据信息组织的能力和视野。

我们也可以说，"建筑师"这一职业的工作和任务，就是一门顺应当代产业分工与整合的行为。回应了建筑经典著作《建筑十书》的作者维特鲁威（Vitruvius）的说法，他认为建筑是由众多科学所共构产生的一门应用科学，自始至终建筑师都在时代流中打滚，但其扮演"整合"的本质从未改变。因而，在 21 世纪这个充斥着巨量信息的年代，建筑师应当如何自处就显而易见了。

站在大数据的肩膀上，当代建筑师的使命

回到我们所处的当下时空，我认为大数据

▼ "I have an idea"展览 | 弗兰克 · 盖里 2015 于东京 21_21
美术馆展出名为"I have an idea"的回顾展，以人、科技与建筑为
三大关键字阐述了当代网络思维的重要，也清楚描述了当代建筑
的趋势。

是最具代表性的关键课题。在过往的线性思维
中，人们习惯针对单一课题直接进行深入的垂
直思考，但是在大数据时代里，水平思考必须
先行于垂直思考，拓展视野广度之后，找到最
有价值的切入点，进行垂直深度钻研，才能展
现真正有效的整合力与决策力，这也就是近来
教育体系急欲培养的 T 型人才。

　　"大数据"，意指难以用人力计算的海量
信息，但是在数字信息的时代，通过计算机辅
助人们可以更有效率地收集信息，整合并加以
运用。而运用"大数据"最具代表性的当代事
件之一，是 2014 年北京的"APEC 蓝"——
由于北京及其卫星城市工业污染严重，天空
长期被工业排放的混浊空气笼罩，而为了让
APEC 会议期间的北京能够出现湛蓝的天空，
有关地区和部门通过大数据协调出会议时期的
一片湛蓝晴天。换言之，当今的创新不着眼于
概念上的原创，而重于如何善用现有的数字工
具达到多元的整合效果。比尔 · 盖茨的《未来
时速：数字神经系统与商务新思维》（Business
the speed of thought- Using a Digital Nervous
System）更进一步彰显了数字工具与互联网
是实现"大数据"最有利的当代工具，在这势
不容缓的趋势下，建筑界以雷姆 · 库哈斯为

首早已投入，各产业也早已跟进 UNIQLO、7-Eleven、IBM，以信息为基础的电信业，全球更有约 48% 导入大数据相关系统，如今大数据的趋势早已在托马斯·弗里德曼（Thomas Friedman）的《世界是平的》（The World Is Flat）一书的预言中得到实现。

开启"大乱斗"模式，
跨界设计解放建筑不设限

在非线性思潮下所衍生的当代建筑均具有强烈的事件品格，其实正是"大数据"概念在建筑界的具体实践。放眼当前国际上举足轻重的建筑师，无一不是以建筑回应人类生存处境的重要课题，展现强烈的社会关怀，同时也致力于开发实务技术，追求更有效率的产业整合。例如雷姆·库哈斯除了本身 OMA 建筑事务所针对建筑规划案进行实践外，其背后还有另一个名为 AMO 的研究智囊团，针对建筑等相关课题如文化、政治、媒体、品牌、数字科技、再生能源、艺术、行为、商业、出版等，试图在信息洪流中消化整理后产生策略与原创概念供 OMA 吸收运用，其影响世界建筑脉动之力量不容小觑。各国际先进事务所也早已跟进，例如 Norman Foster 事务所的研发部门，针对建筑相关课题进行研究，如城市人口发展、绿色能源、全球水量等研究，其中就有个名为"特别模型专家团队"（Specialist Modeling Group），针对个案的需求，以 Microstation 为平台进行相关应用程序之撰写及研发。另外像 SOM 事务所的数字研发部门（Digital Development Department）、扎哈·哈迪德事务所的 Computational Design Research Group（CODE）研发团队等，亦均可见当代建筑大师对于数字及大数据的重视。

这样的产业形态打破单一专业领域分界，同时也融合研发与实务人才的双向提升，是一种极富能量酝酿的跨领域思维，不但有利于创造当代非线性建筑趋势下更具前瞻意义的作品，同时人才交流、技术发展以及实务执行的过程本身也充满非线性的复杂、多元与变化特质。这股非线性的趋势也明显影响着建筑产业的人才培育，例如瑞士苏黎世联邦理工学院（ETH）教授约尔格·施托尔曼（Jorg Stollmann）与迪尔克·黑贝尔（Dirk Hebel）曾在 2007 年的建筑院校巡回展中表示，在非线性建筑设计的教育中，重要的是给予学生方

法（method）而不是知识本身，甚至转换传统建筑传统教育中的师生关系（师徒制），以共同研究的关系来探索空间的可能性，颠覆传统建筑教育自上而下的设计伦理。宾夕法尼亚大学（UPenn）建筑系讲师罗兰·斯努克斯（Roland Snooks）也表示，传统的建筑教育是主观从上而下（top-down）的师徒制思维，而他强调的当代知识的授予系统，应是由下而上（bottom-up）的灵活关系。再者，业界与学院之间的界线也逐渐瓦解，如热爱几何结构动态感，常通过结构设计表达不确定性和流动性的前国际工程顾问公司 Ove Arup 副总裁塞西尔·巴尔蒙德（Cecil Balmond）于2005 年也为 UPenn 创设非线性系统研究中心（NLSO），主导研究工作并担任中心主任。以上种种都显示了学院开始重视非线性思维在建筑领域的潜力。

　　然而，放眼中国目前的产业经营模式，大致上仍是属于传统由上而下的经营模式，在这瞬息万变的时代下势必受到冲击，如何运用大数据思维与建立网络分工系统就是成败的关键。所以，该是时候让你的办公室玩一场非线性的"大乱斗"了！

▲ "APEC 蓝"即是大数据运算下的成功实证｜2014年于北京出现久违的湛蓝色天空，被称作"APEC 蓝"，是运用大数据技术来调控北京雾霾程度的成功案例，若以此法类推通过大数据系统的协调控制，将有机会减缓全球暖化和能源耗损的速度。▼ 数字浪潮势不可挡｜2010 年，笔者为 BIRKHAUSER 出版社发行，名为《Distinguishing Digital Architecture》的书所设计的封面，其概念就在阐述由数字信息所建构的时代洪流已锐不可当，掌握信息即是掌握时代。

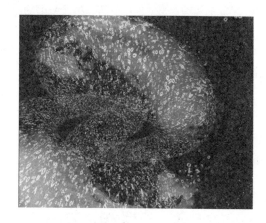

> **加入环境因素的计算** ｜ 2014 年竹工凡木设计团队在天津泰富园区规划案中，于早期设计过程中就置入物理环境运算系统，让动态的能量流（如风、水、光）影响和制约整体的园区配置与建筑形态，提供设计后端的接续和发展。**▶▶ 参数式建模方法** ｜竹工凡木团队于北京五环设计的盘龙复合文创商场（预计 2018 年完工），在先前设计的过程中就导入了参数式设计方法，常意外得出令团队惊艳和不可预期的空间效果，进而重新反馈回归调整与深化，其不可预测性确实可能激发更多创意的可能。

冲击大脑的黑盒子：CAD 计算机辅助设计

　　自 20 世纪 40 年代计算机发明、1963 年计算机辅助设计（Computer Aided Design，简称 CAD）介入，到 20 世纪 90 年代网络开始普及至今，短短数十年间，计算机等相关发明已大大影响了人类生活的方式与观念，甚至改变了人类的思维模式及行为习惯。虽然一般大众对于 CAD 计算机绘图的认识大多仍停留在最基础的印象："用计算机代替纸笔画出脑中所思考的形体。"——然而至今早已发展出更多深刻而具启发性的建模方法，甚至创造了以往所没有的特质——"不可预测性""动态回馈性"与"可逆向操作"，更完全翻转了传统"相由心生"的直觉式线性设计思维，让设计者突破既有经验的限制，展开非线性创意设计的丰富可能。

发现意料外的惊喜：不可预测性

　　计算机辅助设计（CAD）广义上的定义是泛指所有与计算机作业有关之设计事项，但基本上大致可归纳成三维建模的方法，因而我将 CAD 的建模定义为四种，第一种是所谓的"控制点建模法"（Control Point Modeling Approach），是所有计算机三维软件当中最基础的建模方法。设计者在计算机环境中直观地通过手动拉升控制点的方式，如同雕塑般依靠直觉的经验和感受进行设计，其建模的结果是可预期的，属于标准化线性设计过程。

　　不过，控制点建模的线性思维后来被"动态模拟建模法"（Simulation Modeling Approach）所突破。动态模拟建模法是借由在计算机环境中输入既有的条件或约束进行动态的模拟与运动，再撷取某个特定的时间节点作为设计的初始点，继而进行设计的发想与发展。这种方式解放了线性思维下必然的结果，让设计产生更多不可预期的惊喜，而计算机的技术通过大量繁杂的运算将影响因素置入线性的设计操作过程，近来更加入物理环境的动态因素，开启另一种设计创作的可能，这也被视为后来出现的参数式建模思维的先驱。

不稳定中创造更稳定：动态回馈性

　　从"动态模拟建模法"再进一步延伸发展，就是当前产学界最热门的设计思维与技术——"衍生式建模法"（Generative Modeling Approach），或称"参数式建模法"（Parametric Modeling Approach）。其原理是先建立方程式，

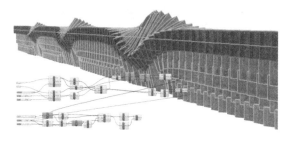

再输入参数（parameter）或因素（factor），接着通过计算机运算产生三维模型，近来被大量运用的 Grasshopper 和 Dynamo 等相关视觉化参数式软件更将信息和复杂的运算结果直接呈现为视觉化图形的清晰结果。这种方法的潜力在于运用计算机即时处理大量重复信息的运算能力来产生属性关联的结果，不但可以创造出复杂的三维空间形态或结构，更使设计的流程成为一种动态的回馈机制（feedback），而导出的结果则是过程中某个阶段的动态结构形态的定格记录，所以能反映出各个参变数之间的相互关联。简而言之，参数式建模方法让设计师更有能力在自身建立的具有可逆性的规则中，不断创造相关联的多元空间形态。

在这种具有回馈效益的动态思维下，设计者的任务便不再只是单纯依循着自身的美学素养来决定设计的形式与结果，而是能够跨越"设计师"与"程序编写"之间的鸿沟，凭借着效能原则来即时评估、调整与更新整体设计。因此，这样的流程也符合回应了具有非线性发展特质的自然界状态、看似不稳定而充满变化的设计过程里，实际上更有利于产出弹性的链接策略及复杂形体的生成，造就所谓的参数式模块方法，大大提升复杂形体生成的稳定性和精确性，也为当前 AEC（Architecture, Engineering, Construction）产业致力发展的 BIM 思维打下良好根基。

解码自造者基因：实体可逆性

前述几种建模方法虽各有不同，在程序上却均是先虚拟而后生成实体；但是在建模法中还有一种"三维扫描建模法"（3D Scanning Modeling Approach），基本上是通过三维扫描机扫描实体对象，将扫描的结果转换成"云点"信息，在进入计算机后再接续编修与加工。这种建模方式与之前建模方法流程刚好颠倒，是先产生实体的模型，再生成数字的三维模型，所以又称为"逆向建模"操作。

近来小型工作室（FabLab）所引领的自造者风潮和大幅度价格降低的硬件造就这种建模方式的盛行，因而这种建模方法非常适用于雕塑能力强的设计师，通过对真实材料操作的敏感度，一样可以和计算机数字的科技连接无碍。因此，设计者能够更自由地在实体操作与虚拟世界之间游移跳跃相互转换，并令人相信未来将持续出现更具冲击性的数字设计思维与方法。

▶竹工凡木·流（2014）｜本方案借由参数化程序和 BIM 程序
的导入，能够有效地探讨建筑法规所需要的透光率，并反映在建
筑立面的形态上。

信息整合的战国时代：BIM 建筑信息建模

BIM 为"建筑信息建模"（Building Information Modeling）的简称，是当前 AEC（Architecture, Engineering, Construction）产业最重视的前瞻发展。全球许多已开发国家及新兴市场都已利用 BIM 思维来进行管理，并加强发展相关应用于建筑的可能性，然而当今尚未出现一个强而有力的平台能够主导整个 BIM 的市场，可说是进入了群雄并立的战国时代。

在这股潮流下，大众对于"BIM"这一名词其实并不陌生；然而，谈到 BIM 真正的意义与内涵，却是众说纷纭。其实，我们若从当代建筑非线性发展的脉络来检视，就能清楚发现 BIM 在当代的重要性与核心价值，在于以数字工具与技术优化线性管理程序，有效整合多元产业领域的非线性沟通过程。

不只是数字模型，
更是程序改革大跃进

我们可以将 BIM 的任务分为两个层次来谈。第一层是作为数字模型的工具层面，第二层则是作为信息整合平台、架构或程序的运作机制层面。二者之间具有主从关系：数字模型工具是 BIM 发挥效用的具体手段，然而完善的沟通环境与运作机制才是 BIM 真正存在的意义，甚至应该视为一场当代非线性管理程序改革运动（movement）。

以工具层面而言，BIM 的基本任务就是如何建立一个可供整体 AEC 产业使用的跨部门数字模型。目前现况是以对象导向（object-oriented）技术为主要研发趋势，如 Autodesk Revit、Digital Project、Bentley Architecture、Graphisoft ArchiCAD 等各大主流绘图软件早已超越基本绘图功能，如何形成更完整的连接与应用，都是研究开发的重点。

以线性程序建构非线性的多元沟通环境

回到非线性建筑的话题，BIM 与当代非线性建筑之间的关系又是什么呢？就最显著的层面而言，当代非线性思维的建筑作品为了实现

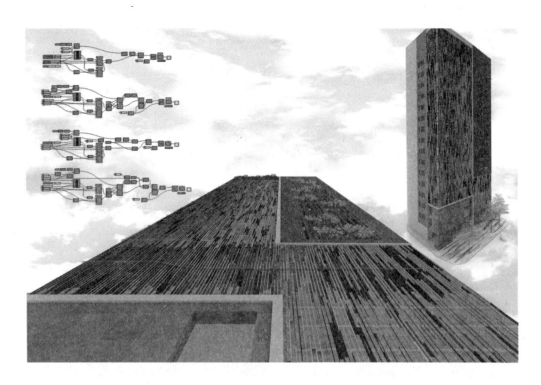

自由的建筑造型、复杂的结构系统及多元的美学观点等，使得 AEC 产业本身所涵括的广泛方面如功能、预算、采购、发包、放样、制造、生产、营运、维护、验收、法律等，每个牵一发而动全身的环节都变得更加复杂，大幅增加整体建造难度。因此，想要让非线性建筑获得理性落实，以 BIM 提升 AEC 产业的执行效率绝对是关键。

再者，放眼当代具有指标意义的非线性建筑，有极高比例是属于跨国规模的大型方案，因而更迫切需要一座完善的信息平台来整合所有技术与团队，克服不同地区的地理限制与文化差异，尽可能改善建筑师、工程师、承建商之间信息不对等的状况。而 BIM 真正要完成的任务是建立一个有效平台和机制，来整合从设计初始阶段到建造完成整个过程中来往的信息。CloudLeaps 的首席执行官瑞德‧埃内斯库（Reid Senescu）解释 BIM 是一种意图协调整合多领域团队共同工作的程序，他在担任 Aurp 工程师期间，发现像 Aurp 这样规模庞大的跨国工程公司里经常出现三种状况：一是设计师常找不到所需要的正确档案；二是有人修改了档案却没告知下一个接手的成员；三是参与对接的团队越多，后段信息不对等的现象就越复杂。这三个看似极为基本的问题，却是导致大量的人力、时间及金钱耗损的主因。因而

│国际对于"BIM"的定义

国际建筑权威杂志《a+u》："BIM 是一种以计算机科技为基础的程序，通过整合及应用一致性的数字信息，来阐述一个计划案实际面及功能面的特质。"

美国国家建筑科学研究院（National Institute of Building Sciences）："在规划、设计、建造、维护等建筑的生命周期，用一种标准化的程序来读取三维的信息模型。"

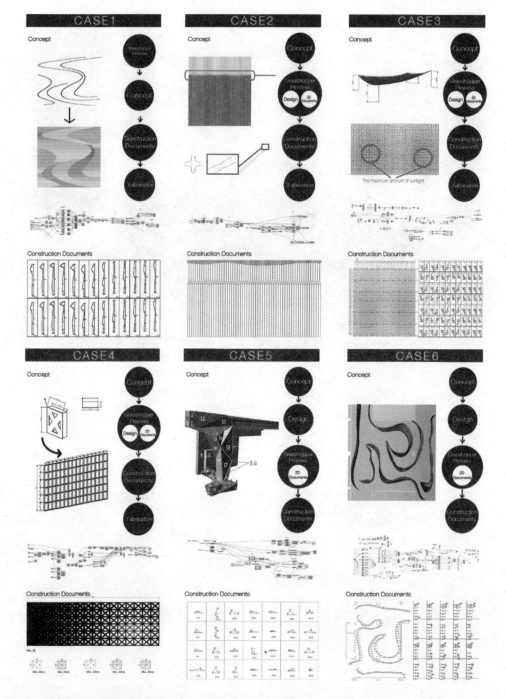

▲ 拟定 BIM 程序 ｜ 本方案要处理好大尺度的建筑案和复杂形体建筑时，对象导向模型和参数式设计流程已是进入 BIM 平台的必备基础。因而竹工凡木团队在处理复杂形态的空间时，先都会依照项目的大小和复杂度，拟定不同尺度的 BIM 策略或程序，并尽早建构在参数化或物件导向的模型上，才能有效整合不同地域和文化差异的团队及做最无接缝的资料移转。

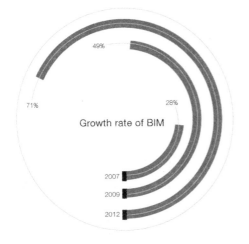

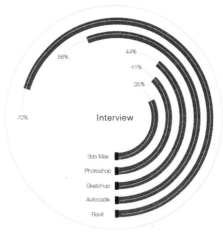

他在斯坦福大学设计研究所的博士后研究即着眼于此课题，其后还创立 CloudLeaps，以对象导向模型为基础，试图解决大型复合团队的信息共享及沟通问题。

在全球化的产业环境下，BIM 的优势也已经对于实际制度产生重要影响，例如以往大多数国家政府部门的大型公共工程都采用"设计——招标——建造"（DBB）为基础进行采购程序，这一程序潜藏的缺陷是设计团队通常技巧性地在绘制施工图中交代较模糊的信息，以避免日后责任归属，因而常导致与业主和承包商间的纠纷。而随着 BIM 概念日渐成熟，一种新思维的采购程序——IPD 整合专案交付（Integrated Project Delivery）应运而生，其原理是将业主所有方、设计团队及承包商三者视为一整体，统合在单一的合约关系内，利用 BIM 所提供工具及平台来进行各种先前评估，有效执行资源及技术共享，大量减少时间及成本资源的浪费。

整体而言，BIM 在当代建筑产业中是一项很关键的发明。观察当代具有影响力的建筑，

不论是就前段设计概念阶段还是末端建造过程而言，大多都具有多元、动态、不稳定等"非线性"特质；然而，具备标准化、系统化、组织化等"线性"特质的 BIM 技术，却是全球所有顶尖建筑师不可或缺的双翼，让天马行空的非线性建筑形体得以在现实世界中翱翔天际。我们不妨以此为当代建筑预埋一笔历史注解——人们始终需要依傍像 BIM 这样的线性工具及思维，来接近这个非线性的大千世界。

▲ **BIM 已全面介入建筑产业** | Revit 是近年来发展神速的 BIM 平台软件之一，配合可在图纸与模型间双向编辑的关联性图面系统，同时拥有参数化及定制化的对象导向资料库。在美国大型建筑事务所中，面试的首要条件就是是否会使用 Revit（BIM）等相关软件。因此，BIM 的重要性可想而知。

名词小帮手 | **对象导向（object-oriented）**
对于 AEC 产业而言，"对象导向"是一种新的设计建筑模型的思考方式。模型，是帮助人们理解事物的一种媒介，一般大众心目所理解的数字模型，大概像是接待中心常见的 3D 效果图中的数字模型，其作用只能单一静态呈现建筑整体外观，可观其林但无法见其树。而对象导向技术的模型设计，则是由树而见林，着眼于建筑的每一项对象赖以组成的所有要素，例如在数字环境中一面具有对象导向的墙面，不再只是单纯描述外观上的视觉呈现，更包括其结构、材质、属性、造价等信息。其实对象导向的模型设计思维并非今日才出现，只是随着数字三维模型技术日新月异和大环境的支持，对象导向的趋势方得到更成熟的发挥。

成就设计的幕后"黑手"：CAM 计算机辅助制造

制造产业在一般人的印象中多半仍是传统产业形态——正如闽南语所谓的"黑手"，相当生动地描述了传统制造产业中，由人力操作机械的形象。而在数字科技的发展之下，计算机辅助制造（Computer Aided Manufacturing，简称 CAM）日渐发达，不但逐步精简了生产过程中的人力资源，提升了制造效率及精准度，更大幅降低了生产时间与成本消耗。这双隐身在计算机屏幕之后的幕后"黑手"，是成就当代伟大设计的无名英雄。

自造者时代降临，
小型工作坊潜力无穷

被《经济学人》杂志（The Economist）喻为第三次工业革命基础的 3D 打印技术，俗称的 3D 打印机原来称作"快速成形机"（Rapid Prototyping，简称 RP），基本上有许多成形的方式，其主流是通过一层一层叠加原理的制造工艺技术，当然现在已发展出更多元的成型方式，但这其实都不是什么高科技，早在 1980 年左右就已有这样的技术。近年来基于 RP 原始码的开放及专利解禁，才造就了 Maker（自造者／创客）和 FabLab（实验自造工作室）思维的盛行。

所谓广义的计算机辅助制造（CAM）定义是基于获取计算机运算后之信息，在输入计算机后经由自动化生产机具产出之设备。主要可区分成四种：3D 打印机、CNC、激光切割机及 3D 扫描器。所谓 CNC 即为计算机数值控制（Computer Numerical Control），它是一种减法思维的铣削技术，CNC 三轴的机具在业界早已行之有年，近年来更在发展低成本的多轴向机器手臂，让精准度和灵活性大大提升。再者是激光切割机（laser cutter），是通过强力精准的激光来切割物品，和前者最大的差异在于其机具不直接碰触材料本身，但严格来说也有人将它归纳为 CNC 的一种。最后一种机具为 3D 扫描器（3D scanner），是通过扫描实体对象的原理，转换为数字云点（Cloud of Points，简称 CPT）档案，最后再导入计算机进行后续加工调整的工作，所以也称为逆向工程。重点是这四种机具都已从过往昂贵的大型机台转换为小型的桌上型便宜机种，也因为原

▼ **3D 打印机成为重要设计工具** | 竹工凡木团队早已建构 CAM 等相关软硬件及部门，尤其是对于 3D 打印机的重视和运用，从设计前期构想到后期细部设计发展的过程，早已成为设计师不可或缺的设计工具。▼▼ **"动静之间"的 3D 打印模型** | 竹工凡木团队于 2012 的设计案——动静之间，大量运用激光初割和 3D 打印，制作不同尺度的模型，借此研究和探讨人体工学、结构和形态间的关系。▼▼▼ **FabCafe，自造者灵感基地** | 隐身于台北华山艺文特区的 FabCafe，其概念源自于 FabCafe Tokyo。这家咖啡店欢迎一般民众或设计者（或称 Maker）进来坐坐，只要手中拿着一杯咖啡，即可惬意地与他人讨论如何将脑中的点子通过 CAM 的设备实现出来。

始码的开放及低成本的造价，甚至有许多人自行买零件来组装、改良或开发机具本身，让更多人能负担并自组工作室来从事制造与开发。

　　经济模式的转变，也是促成小型工作坊兴盛的主因之一。《福布斯》杂志的发行人瑞奇·卡尔加德（Rich Karlaard）就认为过往大规模制造的产业模式已经开始转型成小型工作室的经济模式，甚至开始凝聚成一股运动（movement），如麻省理工学院教授尼尔·格申斐尔德（Neil Gershenfeld）就提出"FabLab"的概念，意指一种小规模的数字制造工作室运动，以自（制）造、分享、学习、互动为主体概念的当地实验室网络，近年来相当流行，目前已约有 35 个国家共襄盛举，而意大利米兰也开始发展出现类似"FabLab"概念的工作室，称为 Frankenstein's Garage，另外还有 Hackerspace、TechShop、Makerspace、Ilab 等。这种微型尺度的工作室持续在全世界生成和演变，可见这股新形态小型工作室运动的魅力，也是自造者时代的核心价值所在。

图书在版编目（CIP）数据

当代建筑的逆袭 / 邵唯晏著 . -- 南京 ：江苏凤凰
科学技术出版社，2017.7
ISBN 978-7-5537-8159-4

Ⅰ . ①当… Ⅱ . ①邵… Ⅲ . ①建筑设计 - 研究 Ⅳ .
① TU2

中国版本图书馆 CIP 数据核字 (2017) 第 070877 号

原书名：《当代建筑的逆袭：从勒·柯布西耶到扎哈·哈迪德，从线性到非
线性建筑的过渡，80 后建筑人的观察与实践笔记》。

本著作经台湾城邦文化事业股份有限公司麦浩斯出版事业部授权，限于中国
大陆地区发行。

当代建筑的逆袭

著 者	邵唯晏	
项 目 策 划	杜玉华	
责 任 编 辑	刘屹立　赵 研	

出 版 发 行	江苏凤凰科学技术出版社
出版社地址	南京市湖南路 1 号 A 楼，邮编：210009
出版社网址	http://www.pspress.cn
总 经 销	天津凤凰空间文化传媒有限公司
总经销网址	http://www.ifengspace.cn
印 刷	北京博海升彩色印刷有限公司

开 本	889 mm×1 194 mm　1/16
印 张	14.75
字 数	350 000
版 次	2017 年 7 月第 1 版
印 次	2024 年 1 月第 2 次印刷

标 准 书 号	ISBN 978-7-5537-8159-4
定 价	69.80 元

图书如有印装质量问题，可随时向销售部调换（电话：022-87893668）。